海上油气田设备设施腐蚀与防护

田宇 主编

HAISHANG YOUQITIAN SHEBEI SHESHI
FUSHI YU FANGHU

化学工业出版社

·北京·

本书主要介绍海上油气田设备设施的腐蚀问题与防护现状，内容包括生产系统的基本组成、生产系统面临的腐蚀环境与挑战、生产系统各单元的腐蚀特点、生产系统面临的主要腐蚀类型与防护手段、生产系统的腐蚀监/检测技术、生产系统缓释剂技术、生产系统阴极保护技术、生产系统腐蚀完整性管理及腐蚀完整性管理平台建设与应用。本书列举了海上油气田设备设施腐蚀与防护的生动案例，可借鉴性强，在海上油气田生产设施设备腐蚀管理方面具有较高的参考价值。

本书可供从事海上油气田开发生产、设计、工程技术、运行管理的人员使用，也可作为腐蚀防护专业院校师生或研究人员的参考资料。

图书在版编目（CIP）数据

海上油气田设备设施腐蚀与防护/田宇主编. —北京：
化学工业出版社，2019.6（2022.5重印）
ISBN 978-7-122-34129-7

Ⅰ.①海… Ⅱ.①田… Ⅲ.①海上油气田-海洋钻井
设备-防腐 Ⅳ.①TE951

中国版本图书馆 CIP 数据核字（2019）第 051400 号

责任编辑：刘　军　冉海滢　　　　　　　　文字编辑：孙凤英
责任校对：宋　玮　　　　　　　　　　　　装帧设计：王晓宇

出版发行：化学工业出版社（北京市东城区青年湖南街 13 号　邮政编码 100011）
印　　装：北京捷迅佳彩印刷有限公司
710mm×1000mm　1/16　印张 14¾　字数 271 千字　2022 年 5 月北京第 1 版第 3 次印刷

购书咨询：010-64518888　　　　　　　　售后服务：010-64518899
网　　址：http://www.cip.com.cn
凡购买本书，如有缺损质量问题，本社销售中心负责调换。

定　　价：120.00 元　　　　　　　　　　　版权所有　违者必究

本书编写人员名单

顾　　问：唐广荣　崔　嵘　熊永功
主　　编：田　宇
副 主 编：柳　鹏
参编人员：张　峙　田汝峰　张国欣　胡徐彦
　　　　　张保山　朱光辉　谌佳佳　蔡　峰
　　　　　赵大伟　梁薛成　朱俊蒙

前言 PREFACE

海上油气田生产过程中，不仅要面对海洋环境的外腐蚀，而且产出流体中往往伴生高含量的 CO_2 和 H_2S 气体，在高矿化度水、出砂、高流速、高温和高压等生产工况共同作用下，海上油气田处于极其复杂的内腐蚀环境。同时，随着部分油气田已经进入生产中后期，对腐蚀检测技术和腐蚀评估技术提出了更高更严的要求。这种严酷的现实不仅严重影响了海上油气田正常的生产作业，增加作业费用，而且对海洋环境安全造成潜在的威胁。近年来，随着大量海上油气田的建设与投产，腐蚀检测、腐蚀防护、腐蚀评估以及腐蚀控制越来越受到关注。

南海西部油田为有效地防止腐蚀，降低腐蚀带来的经济损失和安全隐患，提高一线员工对海上油气田设备设施腐蚀与防护的认识，通过腐蚀与防护专业知识的培训，使海上油气田的管理人员及操作人员能够充分了解海洋油气生产系统的基本组成、生产系统面临的腐蚀环境与挑战、生产系统各单元的腐蚀特点、生产系统面临的主要腐蚀类型与防护手段、生产系统腐蚀监/检测技术、生产系统缓蚀剂技术、生产系统阴极保护技术、生产系统腐蚀完整性管理、腐蚀完整性管理平台建设与应用等知识和技术。

为给类似油气田提供腐蚀防护管理和培训经验，南海西部油田组织编写了此书，来总结海上油气田设备设施的腐蚀与防护的知识和案例。本书分析了海洋油气生产系统的组成、面临的腐蚀环境及挑战；针对生产系统不同单元的腐蚀特点，分析了面临的主要腐蚀类型及其防护技术手段，同时结合具体案例加以说明；从腐蚀完整性管理体系建设和信息平台建设层面，对油气生产设备设施的腐蚀管理进行讨论分析。本书可供海上油气田开发生产和防腐设计人员、工程技术人员、运行管理人员、一线操作人员使用，也可供相关专业院校师生参考。

在编委会的总体安排下，本书由田宇担任主编；柳鹏进行全书的审核和修订，担任副主编。本书在编写过程中得到了南海西部油田生产部、作业公司以及北海近海能源有限公司的大力支持，在此对其表示衷心的感谢。

由于编者知识水平有限，书中难免存在疏漏与不妥之处，还望读者批评指正，提出宝贵意见，以便在今后的修订中加以改进和完善。

编者

2019 年 1 月

目 录 CONTENTS

第4章 海上油气田面临的主要腐蚀类型与防护手段

第5章　海上油气田的腐蚀监/检测技术

第6章　海上油气田的缓蚀剂技术

第7章 海上油气田的阴极保护技术

第8章 海上油气田的腐蚀完整性管理

第 9 章　腐蚀完整性管理平台建设与应用

第1章　海上油气田生产系统简介

1.1　概述

海上油气田的生产是将海底油（气）藏中的原油或天然气开采出来，经过采集、油气水初步分离与加工、短期的储存、装船运输或经海底管道外输的过程。依托的设施主要分为三类：海上固定式生产设施、浮式生产设施（FPSO）及水下生产系统。本书简要介绍海上固定式生产设施中的桩基式平台（俗称导管架平台），依托于固定式平台开发的水下生产系统，以及连接各个生产设施的海底管道。

海上油气田的生产系统可以分为采油工艺和采气工艺。采油工艺是将从油井里开采出的原油在海上采油平台或生产油轮进行油、气、水的分离、净化、计量和外输，伴生气经除液后利用或送到火炬系统烧掉，污水进污水处理系统处理，符合排放标准后排放入海，原油进一步处理后得到合格的商品油存储或外输的过程。采气工艺是指将从气井开采出来的天然气在海上采气平台进行气液分离、脱水、脱硫等处理后，再经过压缩机升压，用海底管道输送到陆地终端的过程。油田和气田开发所依托的许多设施和设备是相同的，只是在功能上有所区别，比如平台设施、采油树（包括水下井口）、管汇、分离器、海底管道等。因此，本书从设施和设备的类型进行分类，围绕腐蚀问题进行分析和研究，以导管架平台及依托其开发的水下井口这种典型海洋采油生产系统为例，分析和研究海洋油气生产中的腐蚀现状和防治策略。图1-1为一个典型的油田工艺流程图，图1-2为一个典型的气田工艺流程图。

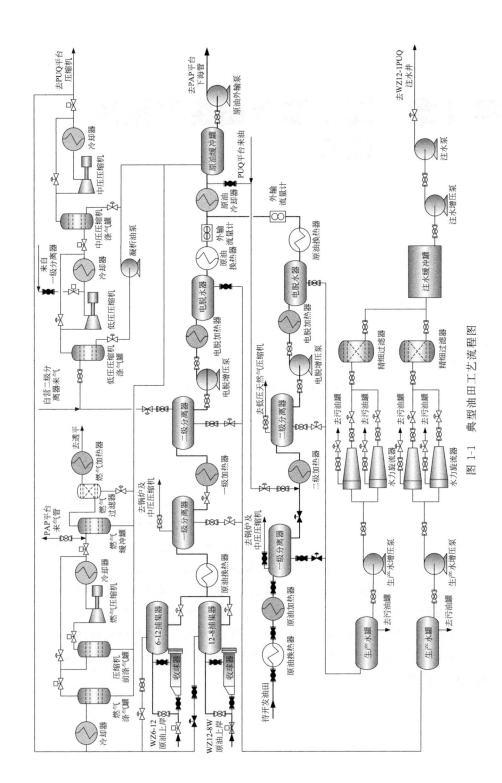

图 1-1 典型油田工艺流程图

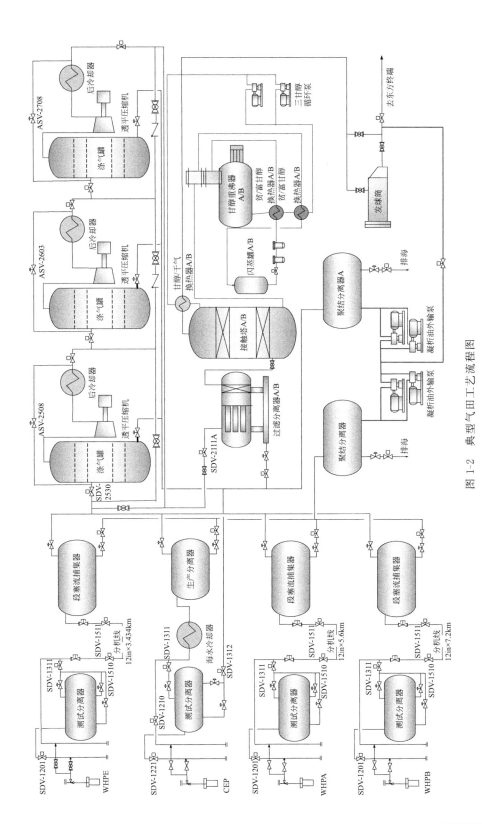

图 1-2　典型气田工艺流程图

1.2　生产系统的组成

海洋石油开采处理随油、水、伴生气、砂、无机盐类等混合物的物理化学性质、含水率、产量等因素的不同，采用的工艺会有所不同。本书主要从腐蚀和防腐的角度，将海洋石油生产工艺分成了采集、处理、外输三大主要部分，然后根据腐蚀机理和腐蚀风险等级选择关键的设施和设备进行具体的分析和阐述。原油的开采是指使用自喷或者人工举升的方式将油从油藏中开采到地面的过程，海洋石油最常见的人工举升方式为电潜泵和气举。而原油从油藏传输到地面的油井管也属于油田防腐的重点对象。对于井口平台，开采出来的原油一般都是通过生产管汇汇集后直接输送到中心平台进行处理，中心平台除了开采原油，还对其他井口平台的来液进行处理。这个过程主要是进行油气水的三相分离，控制好外输海底管道的含水率，将多余的污水处理达标后外排（内海回注底层），产生的伴生气用火炬烧掉，或者供给发电机发电。外输海底管道也是油田重点防腐的对象之一，需要通过控制工艺、加注化学药剂、通球清管等手段管理。

天然气的生产工艺也可按照采集、处理、外输进行分类。不同之处在于：天然气的井下开采不需要举升设备，直接依靠天然气自身压力输送到采油树。处理的方式与原油处理方式也相差较大，不同于原油处理完成后输送到 FPSO，进行进一步处理达到期货交易的标准，天然气平台的天然气经过处理升压之后，一般都是通过海底管道输送到陆地终端。

1.3　油气开采

1.3.1　井下生产管柱

油气田井下管柱腐蚀条件多样、复杂，与从油水井采出物的多相及多变性有关，也与油气开采方式、注入条件、介质状态、井下设备的运动与受力状态、所采油气及地层水的组成与性质及其在开采产物中的比例、液面及环形空间内天然气-空气介质的组成等有关，对井内设备腐蚀破坏的速度及分布都有影响。按照设备分为套管的腐蚀、油管的腐蚀、泵的腐蚀等。井下生产管柱如图 1-3 所示。

1.3.2　水下生产系统

水下井口生产系统是开发海上边际油田的一种经济性较高的方式。一个典型的水下生产系统包含水下采油树、水下管汇、水下管汇中心、水下基盘、海底管道、控制系统等。可以依托固定式平台或半潜式平台进行开发，将生产采集的油气输送到中心平台处理。也可以直接将原油在水下管汇汇集后直接输送到 FPSO

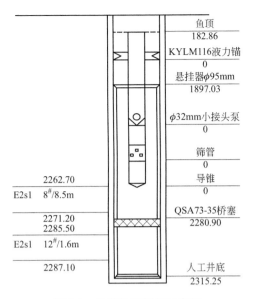

图中标注：

鱼顶 182.86
KYLM116液力锚 0
悬挂器φ95mm 1897.03
φ32mm小接头泵 0
筛管
导锥 0
2262.70
E2s1 8#/8.5m
2271.20
2285.50
QSA73-35桥塞 2280.90
E2s1 12#/1.6m
2287.10
人工井底 2315.25

图 1-3 井下生产管柱示意图

处理，或者在水下汇集后经过水下分离器处理后送往 FPSO。根据所依托平台的情况，水下井口一般采用电潜泵或者气举方式进行开采。采用电潜泵方式需要铺设电缆，采用气举方式则需要铺设气举管线。因为维护和维修的成本高昂，水下井口的设计要求比固定式平台的采油树要高许多。水下井口及其海底管线（井口管线）的防腐，主要是通过水下井口化学药剂的注入等方式进行管理。有些水下井口设计有冲洗管线，需要按照要求在停产前后进行冲洗，以控制海底管道的内腐蚀。海底管道是水下生产系统的重要组成部分，对于海底管道和上平台立管的防腐可以参考海底管道部分。依托于固定平台的水下井口见图 1-4，水下井口实物图见图 1-5。

图 1-4 依托于固定平台的水下井口

图 1-5　水下井口实物图

1.4　油气处理

1.4.1　汇集管线

每一口井的井液通过井口管线汇集到生产管汇，然后再汇集到三相分离器。这段管线中输送的是含有油、气、水的混合物，具备发生内腐蚀的条件。单井的井口管线会由于单井井液成分的不同而面临不同的失效风险。根据成分不同，有的管线发生 CO_2 腐蚀，有的管线发生 H_2S 腐蚀，有的井因为含砂还发生冲蚀。针对井口管线的防腐，一般会采用在井口注入化学药剂（如缓蚀剂）的方式进行防腐治理，通过安装腐蚀挂片进行腐蚀检测。部分管线采用外部 NDT（无损检测）的检测方式，达到一定腐蚀程度后进行更换。这需要权衡缓蚀剂费用和井口管线更换费用之间的关系。

1.4.2　三相分离器

油井产出液中含有原油、凝析油、天然气（包括自由气、溶解气、凝析蒸气）、水、杂质和外来物质，需要经过处理工艺分离出油水混合液中的污水、溶解气和砂等杂质。从采油树传输过来的原油经过生产管汇汇集进入三相分离器（如果油井产液温度低，则还需要经过加热器加热到50～70℃后再进入分离器），进行油、气、水三相分离。伴生气经涤气罐除液后到火炬烧掉，污水进污水处理系统处理达标后外排（内海则进行地层回注），原油通过海底管道输送到 FPSO 进行进一步的脱水、脱盐处理。当某口井需进行测试时，可将这口井的流体从生产管汇切换到测试管汇进入测试分离器（或者多相流量计）进行油、水计量，以掌握单井的生产情况。根据各油田油、水、伴生气的物理化学性质和砂、所含杂质、含水率、产量等的不同，所选用的工艺流程各有差异。

三相分离器（图1-6）是该工艺的关键设备，也属于压力容器，除了需要满足防腐方面的要求，还要满足压力容器管理的要求。一般每年至少进行一次三相分离器的在线外部检验，包括宏观检验、安全附件检查、壁厚检测。投产后每3～5年进行定期检验，需要开罐进行分离器内壁测厚、衬里检查、内外腐蚀评估等。

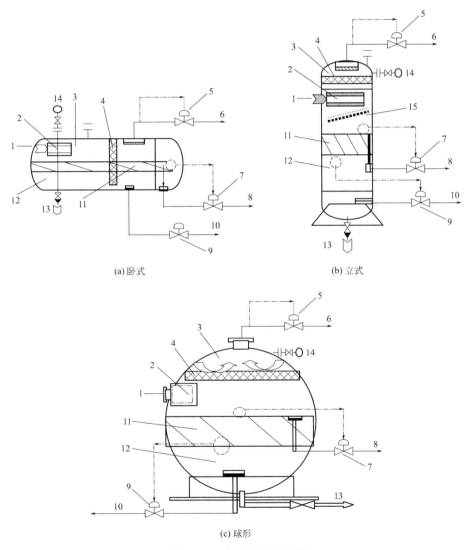

(a) 卧式   (b) 立式

(c) 球形

图1-6　三相分离器示意图

1—油、气、水混合物入口；2—入口分离元件；3—气；4—油雾提取器；5—压力控制阀；
6—气出口；7—油出口控制阀；8—原油出口；9—水出口控制阀；10—水出口；11—原油；
12—水；13—排污口；14—压力仪表；15—偏转挡板

1.4.3　气相管线

由三相分离器分离出来的天然气（伴生气）不同程度地携带着液体（油和水），会造成管道或设备故障。使用燃气洗涤器除液后的干燥天然气可以有多重用途，经过加热后的干燥天然气可以作为透平发电机的燃料气，经过升压后的天然气可以用作气举井的气源，也可以压缩后输送到其他平台使用。多余的天然气送入火炬系统烧掉。

从三相分离器气相管线出来后的管线，在不同的位置存在不同的腐蚀机理。湿气管线因为含有水分而更具有腐蚀性，需要关注内腐蚀的发生。经过干燥后的管线内腐蚀状况较好，主要关注外腐蚀，尤其是一些阀门下游或扩径位置，因为压力骤降造成管外壁结霜或结冰。涠洲 11-4 中心平台伴生气处理系统见图 1-7。

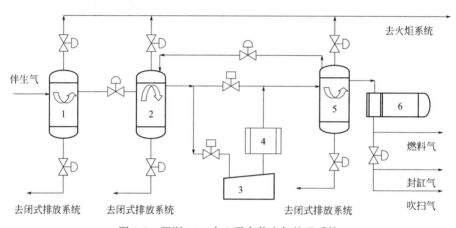

图 1-7　涠洲 11-4 中心平台伴生气处理系统

1—分离器；2—伴生气脱硫装置；3—气体压缩机；4—加热器；5—加热分离器；6—储气罐

1.4.4　水相管线

海上油田污水来源于油气生产过程中所产出的地层伴生水。经过三相分离器分离后的伴生水中，含有一定量的原油及其他杂质，这些含有一定量原油和其他杂质的伴生水称为含油污水。含油污水一般偏碱性，硬度较低，含铁少，矿化度高。含油污水中含有分散油、乳化油、溶解油，需要进行进一步除油的处理；还含有 CO_3^{2-}、Cl^-、SO_4^{2-} 等阴离子，Ca^{2+}、Mg^{2+}、Ba^{2+} 等阳离子，一旦污水所处的物理条件（温度、压力等）发生变化或水的化学成分发生变化，均可能引起结垢。生产水中还可能含有溶解的 O_2、CO_2、H_2S 等，形成腐蚀条件，对于管道造成腐蚀隐患。对于水管线来说，内腐蚀是需要重点关注的风险。

1.4.5　油相管线

固定平台上经过三相分离器处理的原油并非是纯油，一般还含有一定比例的生产水。其目的是方便海底管道的输送，防止凝管。根据每个平台的油藏和油品不同，含水率要求也会有所不同。输送到 FPSO 之后再进行进一步脱水、脱气、脱盐、沉降处理，最后才处理成能够交易的原油。在平台的油相管线含有水和溶解于水中的气（CO_2、H_2S 等），存在内腐蚀条件。部分油相管线因为保温和防火的需要而配置了保温层，因此这部分管线还要注意保温层下腐蚀的风险。对于有些管线的盲端，还需要考虑盲端内介质不流动造成的内腐蚀风险。通常采用外涂层保护，定期 NDT 检测，对超过腐蚀壁厚一定程度的管线进行更换。也有对管线以内涂的方式进行内防腐，但内涂的质量必须达到要求，否则内涂的缺陷位置就是腐蚀的最大风险位置。

1.5　外输

1.5.1　海底管道

　　海底管道作为海上油气运输的大动脉，有着经济、安全、节能、快捷的特点，在海上油气田开发中发挥着重要的作用。井口平台开采出来的原油直接通过海底管道输送到中心平台进行处理。中心平台除了处理本平台的原油，也处理从其他平台输送过来的原油，最后通过海底管道输送到 FPSO，或者输送到其他平台中转。对于含有气藏的油田，还会通过海底管道输送处理过的干气，作为其他设施的燃料气（用于发电）或气举气源。气田产出的天然气，经过干燥、升压等工艺处理后经过长输海底管道输送到陆地终端，这些海底管道含有凝析油。对于一些油田群来说，各种海底管道构成了一个海底管道管网，往往会相互影响，需要综合考虑海底管道的内腐蚀控制。海底管道按照输送介质可以分为混输海底管道、天然气海底管道、注水海底管道，按照结构可以分为单层管和双层保温管。

　　海底管道的腐蚀形式与其所处的海洋环境和采取的防腐蚀措施密切相关，按腐蚀位置不同可以分为管内腐蚀与管外腐蚀。海底管道的防腐需要根据海底管道的结构、海底管道内输送的介质不同而采取不同的策略。

　　无论何种类型的海底管道，所面临的外腐蚀都是相似的，主要与其所处的海域海水深度和海底地形有关。对于海水较深的海域，海底管道主要的风险在于船锚或拖网等渔业活动对海底管道的破坏。对于海水较浅的海域，除了渔业活动的风险外，还存在海水受到波浪和海流的作用，空气中的氧离子更容易溶解到海水中并扩散到金属表面，诱发海底管道腐蚀的风险。对于海底管道的外腐蚀控制，通常采用海底管道涂层和阴极保护的方式。对于浅海海域，还会对海底管道采用埋设的方法进行保护。

　　引发海底管道内腐蚀的因素有：防腐蚀设计缺陷、施工质量差、管内输送介质和运行中的防腐蚀管理不当等。防腐蚀设计缺陷主要表现为设计参数与投产后不符，如原设计 CO_2 含量较低，不含 H_2S，而投产后 CO_2 含量高，且存在 H_2S，在运营阶段就极易发生腐蚀穿孔。管道制作及安装过程（焊接、内涂）如果存在缺陷，则会给后期运行造成极大的隐患。管内输送介质通常含有 H_2S、CO_2、Cl^-、CO_3^{2-}、SO_4^{2-}、水、细菌、固体沉凝物等，它们都会引起管壁减薄、坑蚀氢脆或应力腐蚀开裂，从而导致管体破坏。海底管道投用后没有根据实际生产工况进行化学药剂筛选、效果评价、化学药剂调整，没有定期进行清管作业等都会导致海底管道内腐蚀加剧。混输海底管道和天然气海底管道的腐蚀控制因为输送介质差别大，往往分开分析和研究。

1.5.2 立管

立管按照材质分为柔性立管和刚性立管。柔性立管多用于海底基盘、水下井口、水下管汇与 FPSO 之间的连接，或水下井口与固定平台的直接连接。刚性立管属于钢制海底管道的延伸，是连接海底管道（平管段）与固定平台的直接管线，其结构和材质往往与海底管道相同。按管型分，可分为单层立管和双层立管。一般情况下，输气立管采用单层立管，传输距离较短、输送介质温度较高的输油海底管道也可采用单层立管（海底管道也为单层管）。为了保障管输原油的流动性，输油立管和其所连接的海底管道主要采用双层保温管。双层立管的结构通常为内层碳钢管＋防腐层/保温层＋外层碳钢管。按照海底管道输送介质的不同，立管相应也可分为输气、输油和输水立管。立管与海底管道相连接，还可按照介质在管道内的流动方向，将立管分为海底管道入口端立管和出口端立管。

柔性立管通过使用不同材料层来制造管壁，从内到外主要分为骨架层、内压防护层、内锁压力层、抗磨层、拉伸防护层和外部壳体。骨架层用于抵抗管内卸压和外部水压造成的压溃，是一种互锁的金属结构；内压防护层防止管内流体渗漏，保证内部流体完整，为高分子聚合物层；内锁压力层承受内压的径向力，同时抵抗一部分来自内部和外部压力以及冲击载荷，为金属互锁层；抗磨层减少结构层之间的磨损，提高结构的疲劳寿命，为非金属层；拉伸防护层提供轴向抗拉刚度，由两层材质和性能相同的金属构成，两层成反向螺旋结构；外部壳体阻止外部流体进入柔性管内，同时起到防止外部环境的腐蚀、抵抗磨损的作用，为高分子聚合物层。柔性立管安装便利、快速，抗腐蚀能力强，但造价会比刚性立管高。

刚性立管以碳钢材质为主，其从海洋大气区到海底海泥区，跨越了整个海洋腐蚀环境，外部的腐蚀风险较大。水深较大的位置，刚性立管的外部腐蚀风险与海底管道相近，主要依靠外涂层和阴极保护。其水上部分与平台上其他管线相似，主要依靠涂层和防腐涂装保护。刚性立管飞溅区位置是外腐蚀风险最大的区域。

海洋飞溅区由于海水飞溅，使得立管表面干湿交替，海水飞溅和阳光照射易形成严重外腐蚀，外腐蚀穿孔后引起内管腐蚀，属于高风险区，是立管腐蚀失效的主要类型。由于干湿交替，立管的阴极保护难以起到作用。立管的飞溅区防腐主要依靠包覆的氯丁橡胶和海底管道涂层保护，因此当氯丁橡胶发生损坏时，也是立管面临外腐蚀失效风险最大的时候。立管示意图见图1-8。

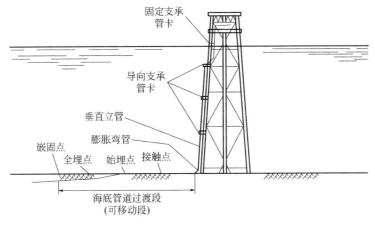

图 1-8　立管示意图

第2章 海上油气田生产系统面临的腐蚀环境与挑战

海洋油气生产设施所处的服役工况决定了其腐蚀环境特点，可以分为内腐蚀环境和外腐蚀环境。内腐蚀环境主要是含水的油气流体介质形成的，与陆上油气生产类似，主要为含 CO_2、H_2S 等腐蚀性介质的油气水多相流体，同时可能有砂、垢等固相的影响和硫酸盐还原菌（SRB）等细菌的存在，以及某些条件下海水、化学药剂或含氧介质的混入。外腐蚀环境与陆上油气生产环境差异较大，主要为海泥、不同水深的海水、潮差飞溅、海洋大气等环境，海洋生物附着和沾污等生物环境，以及洋流运动和风浪导致的力学环境。

2.1 海上油气田生产系统的内腐蚀环境

在海洋油气生产过程中，油气井筒、水下生产设施、海底管道及立管、平台上部工艺管线设施等结构均可能遭受含水的多相流体引起的内腐蚀，由于设施类型、管径、长度、流体工艺状态不同，内腐蚀特点和主控类型略有差异。

海洋油气生产设施的内腐蚀主要是由油气介质中的 CO_2、H_2S、细菌以及可能在某些操作中引入的溶解氧等引起的管道和设施内壁的腐蚀。通常可以按照内腐蚀发生部位或游离水相存在形式分为如下几类：CO_2、H_2S 等腐蚀性介质在油水混输管道层流态的水相或湿天然气管道的积水部位引起的管道底部腐蚀，CO_2、H_2S 及有机酸在湿天然气管道顶部冷凝水中引起的管道顶部腐蚀，在管道砂、垢等固相沉积物下形成的垢下腐蚀，在细菌菌落和生物膜附着部位形成的细菌腐蚀或微生物腐蚀。

（1）油气生产设施及管道内部的 CO_2-H_2S 腐蚀　在石油、天然气勘探和开采过程中，CO_2 或 CO_2 和 H_2S 气体作为伴生气体同时产出，油气田采出液一般为含有 CO_2 等气体的油水混合物。一般来说，干燥的 CO_2 对碳钢并没有腐蚀性，或其腐蚀性极为轻微，但当伴生的 CO_2 气体溶于水形成 H_2CO_3 时，则会对石油、天然气开采与集输过程中的油套管、输送管线造成严重的腐蚀。CO_2 腐蚀最典型的特征是呈现局部点蚀、癣状腐蚀和台地状腐蚀，这种局部腐蚀发展速率大，油气开采、集输、长途输送的钢管常常遭受到CO_2腐蚀而穿孔。碳钢在高温高压含CO_2多相流介质中的腐蚀过程比较复杂，其腐蚀机理一直是国际研究热点。一般认为，碳钢在CO_2水溶液中的阳极过程主要是铁的阳极溶解反应，CO_2主要通过影响阴极析氢反应速率来影响碳钢的腐蚀速率，这里的析氢反应不仅是H^+的还原，还包括H_2CO_3、H_2O和HCO_3^-在电极表面的还原。一般认为，在含CO_2的腐蚀介质中，腐蚀产物膜或垢在钢表面的覆盖度不同，或者所形成的腐蚀产物膜在流体的冲刷作用下薄弱的部位发生破裂和脱落，裸露出的金属与腐蚀产物膜覆盖的区域之间形成了具有很强自催化特性的腐蚀电偶电池，在没有腐蚀产物膜的地方引起局部腐蚀。多相流介质中的CO_2腐蚀涉及电化学、流体力学、腐蚀产物膜形成的动力学等领域，因而其影响因素很多，包括材料的成分、组织等冶金因素，也包括温度、CO_2分压、水介质组成、pH值、流速、原油特性等环境因素。

与CO_2类似，H_2S也是油气藏所含的重要物质，含H_2S油气通常称为酸性油气，在我国南海海域的海上油气田中，大部分含有CO_2及少量或微量的H_2S。含H_2S酸性油气田常见腐蚀破坏通常可分为两类：一类为电化学反应过程中阳极铁溶解导致的全面腐蚀和/或局部腐蚀，表现为金属设施的壁厚减薄和/或点蚀穿孔等腐蚀破坏；另一类为电化学反应过程中阴极析出的氢，由于H_2S的存在抑制其复合成气体而使其进入钢中，导致钢材的氢致开裂和硫化物应力腐蚀开裂。H_2S只有溶解在水中才具有腐蚀性，H_2S在水中溶解度极高，一旦溶于水便立即电离呈酸性，通过析氢反应，促进阳极溶解而使钢铁遭受腐蚀。H_2S与CO_2共存条件下，二者的腐蚀机理存在竞争与协同效应。虽然CO_2引起的腐蚀速率显著高于H_2S，但是一旦H_2S出现，又往往对腐蚀进程起控制作用。由H_2S腐蚀产生的硫化物膜对于钢铁基体具有较好的保护作用，所以当CO_2介质中含有少量H_2S时，全面腐蚀速率有时反而有所降低，但对局部腐蚀的影响则存在不确定性。

（2）油气生产设施及管道内部的湿气顶部腐蚀　顶部腐蚀是在输送过程中，由于管壁温度低于天然气温度，湿气中的水及挥发性介质（如CO_2、H_2S、HAc等）在管道内壁上半部分冷凝造成的腐蚀。尽管此类管线长期加注缓蚀剂，整条集输管线的底部由于受到缓蚀剂保护而未遭受腐蚀，但管道内壁上半部分仍存在冷凝水，且缓蚀剂无法到达而发生了严重腐蚀。在法国、加拿大、印度尼西亚、泰国和美国等地相继发生了顶部腐蚀案例，且海上油气田管线，特别是深水气田管线出现该类腐蚀的风险较高。输气管道的内腐蚀实质上是由于产出液、输送气中的凝结液以及溶解在液体中的腐蚀性介质造成的。通常情况下，由于受到重力作用，产出液和凝结液在管道的下部呈连续相，随着地形或者气体流动而运动。理想情况下，管道顶部应与输送气气相相接触，基本无腐蚀，但在实际输气管道运行过程中，由于管道外部海水温度较低，内部输送气体温度较高，管道顶部在温差作用下形成冷凝液，液滴的形成、长大、合并以及运动都与底部液相流动存在不同特点和规律。液滴在管道顶部凝结过程中，气相中的各种可溶性气体同步动态溶解到液滴中，构成顶部腐蚀的发生环境。尽管缓蚀剂可以作用于管道底部的水相，但往往无法有效到达管道顶部冷凝水相中。因此，管道底部腐蚀受到缓蚀剂抑制，而顶部腐蚀持续发展。

（3）油气生产设施及管道内部的多相流致冲刷腐蚀　当油、气、水、固多相共存时，其流型组合是非常复杂的，流型往往与各相的流速和流动的方向有关。多相流冲刷腐蚀的机理可以用流体的力学作用对材料造成损伤的机制，或流体的力学作用加速材料表面的腐蚀过程的机制来进行描述。一般而言，随流速增加，腐蚀介质到达管壁表面的速度增加，腐蚀产物离开金属表面的速度增加，因而腐蚀速率加快。另外，当流速增加促使液体达到湍流状态时，湍流液体能击穿紧贴金属表面的几乎静止的边界层，并对金属表面产生很高的切应力，随着流速增大，金属表面的切应力也增大。流体的切应力能剥除金属表面的保护膜，因而使腐蚀速率提高。在油气生产过程中，对于产出流体往往有一个临界极限速率，超出这个临界速率，就会出现严重的冲刷腐蚀。因此，海洋油气生产设施和管道的冲刷腐蚀往往通过管径和产量设计，将流体流速控制在合理范围加以规避。同时，对于冲刷腐蚀多发的平台上部工艺管线，除了在配管设计时加以注意外，弯头、三通及变径的管件设计也应避免形成过于复杂的湍流效应。

（4）油气生产设施及管道内部的垢下腐蚀　在油气管道内部的固体颗粒沉积主要包括砂子、淤泥、硫元素、石蜡、沥青以及腐蚀产物（FeS、$FeCO_3$ 等）、碳酸钙、硫酸钙等难溶颗粒，固体颗粒沉积通常发生在流体流动速率较低及清管不充分的条件下，与固体颗粒尺寸及形状、流体的流速及流态有着重要的关系。固体颗粒沉积后往往会导致局部产生较为严重的沉积物下腐蚀（或称垢下腐蚀）。此外，固体颗粒沉积还可能会促进细菌生长，增大细菌腐蚀的可能性。固体颗粒沉积导致垢下局部腐蚀的原因：一是改变局部的腐蚀环境，固体颗粒沉积处易产生闭塞腐蚀电池作用、局部环境酸化，还有可能导致与其他部位存在电位差，在大阴极小阳极的作用下加速颗粒沉积处的局部垢下腐蚀；二是改变局部的缓蚀效率，当沉积的固体颗粒表面积较大时，会吸附带走（或消耗）一定数量的缓蚀剂，或阻碍缓蚀剂到达钢铁表面，使缓蚀剂达不到有效浓度，使缓蚀效果变差。

固体颗粒沉积下的垢下腐蚀通常发生在低流速、清管频率较低的管道中，在低流速下的水平管道（或小于临界倾角的上升管道）中，流体中的砂垢在管道底部停留。因此，抑制垢下腐蚀的主要方法在于加强海底管道的防砂措施、清管措施，以及改进缓蚀剂类型。

（5）油气生产设施及管道内部的微生物腐蚀　微生物腐蚀（MIC）是由细菌和真菌的存在及其活动所引起的腐蚀。而在微生物腐蚀中，硫酸盐还原菌（SRB）

是引起金属腐蚀的主要微生物。SRB 是一种厌氧的微生物，广泛存在于土壤、海水、河水、地下管道以及油气井等缺氧环境中。实际工况下的 SRB 腐蚀形貌多为局部点蚀，蚀坑是开口的圆孔，纵切面呈锥形，孔内部是许多同心圆环或阶梯形的圆锥。注水管道、输油管道、油气设施若在试压、试运行过程中使用未经处理的海水，也可能导致管道发生细菌腐蚀。细菌腐蚀很少发生在正常运行的凝析油管道、湿气管道、干气管道中，这与 SRB 的生存条件有很大的关系，SRB 代谢过程中需要海水或生产水及其中的矿物质和有机质。

SRB 腐蚀是一个非常复杂的问题，一方面是由细菌本身的属性所决定的，另一方面 SRB 腐蚀往往在复杂的介质环境中发生，涉及与砂垢、流动介质、缓蚀剂等的耦合。细菌腐蚀问题往往与垢下腐蚀等局部环境相关，例如，国外某油田注水管出现内腐蚀泄漏，管道为点蚀穿孔，腐蚀主要是颗粒沉积和细菌的共同作用所导致的。在流速较低的条件下，砂或盐颗粒在管道底部沉积形成垢层，水中的硫酸盐和采出水中的油相包含有机物，使细菌在颗粒沉积物下繁衍发展而导致局部点蚀，如果不能有效清除管道底部的沉积物和细菌，腐蚀将进一步加速发展。

2.2　海上油气田面临的外部海洋及海洋大气腐蚀环境

海洋油气生产设施所遭受的外腐蚀主要由海泥、海水、浪花飞溅、海洋大气及生物沾污引起。海上平台所处的外腐蚀环境极其恶劣，阳光、风雨、盐雾、海浪冲击、环境温度和湿度变化及海洋生物侵蚀等使平台钢结构腐蚀速率加快。在海洋大气区，海洋大气中含海盐颗粒使腐蚀加快，同时还受到湿度、温度、风雨及紫外线辐射等的影响，其中某些底层甲板部位还受到海水冲击和摩擦，腐蚀相对严重。飞溅区是平台结构腐蚀最严重的区域，该区域的构件和立管经受海洋大气与海水浸渍的交替作用、海浪的冲击、锚链和水面漂浮物体的磨损，以及其他工作辅助设施、船舶停靠的碰撞与摩擦。全浸区除了有海水腐蚀，还有海生物侵蚀，需要考虑生物沾污的影响。在海泥区，可能存在硫酸盐还原菌等细菌腐蚀，海底沉积物性质也因地域而异。

2.3　海上油气田自身结构特点带来的腐蚀挑战

海洋油气生产设施面临恶劣的海况和复杂的海洋环境的挑战，海洋平台等设施需要经受各类恶劣气候、洋流、海浪甚至台风的侵袭，直接面对外部海水腐蚀和海洋大气腐蚀环境。由于海洋平台上部空间有限、海底设施安装维护难度大、深海海底人员难以到达，海洋油气生产过程难以像陆上油气田那样及时对油气介质进行分离脱水，导致各类生产设施面临更苛刻的内腐蚀环境。同时，海洋平台一般离岸较远，多数有人员驻守并从事生产工作，人员移动依赖船舶和直升机，应急疏散难度大，因此对生产安全的要求十分严格。更重要的是，海洋油气设施一旦发生严重腐蚀等失效会导致泄漏故障，将造成严重的环境污染，例如，墨西哥湾漏油事件造成的环境和生态影响仍历历在目。因此，从生产安全、人员安全、环境保护等多方面考虑，对海洋油气生产设施的腐蚀防护要求十分严格。由于海洋油气生产过程受制于海洋环境，给人员、设备、材料的运输与安装都带来极大的困难，也使得陆上油气田十分成熟的腐蚀防护技术，在海洋环境下面临不同的技术挑战，进一步增大了腐蚀防护技术应用的难度。

海洋油气的开采和汇集方式与陆上油气田基本相似，分为自喷和人工举升两种，将原油或天然气流体由地下数千米的油气藏中经过油气井井筒采至井口，采出的油气流体经采油树输送到管汇中，利用生产管汇和测试管汇将不同井口的采出油气进行汇集、计量，并输送至分离系统进行后续处理。在此过程中，海洋油气开采可以分为固定平台生产系统、浮式生产系统和水下生产系统三类，前两类生产系统的采油树位于平台或浮式采油设施的水面以上部分，海床以下的井筒经由采油立管和隔水套管连接至采油树，水下生产系统的采油树则直接位于海床上，再通过水下管汇、海底管道、立管等系统将油气流体输送至平台上部。因此，这一生产过程面临的腐蚀问题多与海床和海水环境有关，主要可以分为：海床以下的井筒部分的腐蚀、海床上的水下生产系统的腐蚀、采油立管和隔水套管系统的腐蚀、海底管道的腐蚀、海洋平台导管架的腐蚀等。

汇集到海洋平台上的油气介质，仍需经过油气处理系统进行油、气、水的初步分离。处理合格的原油需要储存，可以利用平台原油储罐或浮式生产储油轮的油舱储存。原油经计量后通过穿梭油轮或长距离海底管线输送到陆上终端。分离器分离出的天然气进入燃料气系统中，燃料气系统将天然气脱水后分配至燃气透平发电机、热介质加热炉、蒸汽炉等设施作为燃料。对于气田，则通过分离脱水装置脱去天然气中的水分，并利用压缩机增压后利用海底管道将天然气外输。分离器分离出的含油污水进入含油污水处理系统中进行处理，污水首先进入斜板隔油器中进行油水分离，然后进入气浮选器进行分离，如果二级处理后仍达不到规定的含油指标时，可增设砂滤器进行三级处理，处理合格后的污水排海或回注到地层中。除此之外，海上油气田生产还有注水、安全、控制、通信、消防、生活保障等生产辅助系统。这一部分的腐蚀问题多集中在平台或浮式油轮上部的复杂工艺管线，其内部面临多相油、气、水介质的腐蚀，外部面临海洋大气的腐蚀。

第3章 海上油气田生产系统各单元的腐蚀特点

3.1 井下生产管柱

3.1.1 钻杆的腐蚀与断裂

在油气开采中，钻杆是一种尾部带有螺纹的钢管，连接钻机地表设备和位于钻井底端的钻磨设备，将钻探泥浆运送到钻头，并与钻头一起提高、降低或旋转底孔装置。因此，钻杆需要承受巨大的内外压、扭曲、弯曲和振动，同时需要面对井下苛刻的腐蚀环境。

钻杆的主要腐蚀失效形式包括断裂、磨损和腐蚀三种类型，其中以断裂最为突出。钻杆本身承受复杂的力学载荷，其主要的断裂损伤形式为腐蚀疲劳和硫化物应力腐蚀开裂。由于钻杆本身承受交变载荷，且位于井下腐蚀性环境中，腐蚀疲劳是导致钻杆失效的最重要原因。一旦井下含有硫化氢，且钻杆钢级较高，则极易由于硫化氢引起的应力腐蚀开裂而导致钻杆断裂。高含硫油气田开发中就曾出现钻杆在短时间内出现硫化物应力腐蚀开裂的案例，有时还可能导致钻杆的压溃等其他形式的断裂损伤。由于钻杆服役时需要进行上下和旋转运动，与井筒壁和泥浆流体之间可能造成显著的磨损。在腐蚀减薄方面，由于钻杆在井下作业时间相对较短，主要面临的是钻井泥浆在井下环境下可能带来的腐蚀问题。同时，钻杆从井下取出后，由于钻杆表面黏附泥浆，可能在存放过程中造成钻杆表面的进一步锈蚀。

3.1.2 油管柱的腐蚀与断裂

井筒是油气田井下生产的重要组成部分，将油气介质由地层输送至井口，一般由油管、套管和井下工具组成。其中，油管管柱直接接触油气生产介质，是井筒结构中面临腐蚀环境最为苛刻的部分，也是腐蚀和断裂失效多发的部位。在石油及天然气开采过程中，油管管材受到地层产出液和伴生气带来的腐蚀、流体冲刷、管串力学载荷等的协同作用，特别是油气田开采进入中后期时，或高含硫油气田开发时，井下工况将更加苛刻。

油气田井下油管面临的腐蚀环境主要特点：压力高，导致 CO_2 和 H_2S 等腐蚀性气体分压也相应较高；温度高，井口至井底温度跨越常温至 $130\sim150℃$，部分超深井井底温度甚至高达 $160\sim200℃$；生产井的产出水可能是高矿化度的地层水或低 pH 值的凝析水，均易造成油管内壁不同部位的腐蚀。例如：川东地区的某些石炭系气藏中井下 CO_2 分压高达 $(0.4\sim0.6)MPa$；以塔里木油田库车前陆盆地气田为代表的超深井，最深约 8000m，井底具有超高压 $[>(100\sim130)MPa]$、高温 $[>(150\sim180)℃]$ 的特点，且油气中富含 CO_2（$>1\%$，摩尔分数）、Cl^-（$>80000mg/L$）等腐蚀介质，井下工况条件极其苛刻；而南海某气田也存在 CO_2 含量和分压值极高的情况，个别区块井下的 CO_2 分压值高达 27.9MPa，为目前国内海上油气田之最。

油管常见的腐蚀断裂失效形式可以概括为如下几个方面：

（1）全面腐蚀或均匀腐蚀　腐蚀以差不多可预测的速率在油管表面均匀发展，由腐蚀电化学反应造成，随着腐蚀的进行，管材逐步均匀减薄。全面腐蚀导致油管壁厚减薄至一定程度后，可能在管串拉应力和地层压力下引起管体破裂。

（2）点蚀和台地状腐蚀　此类腐蚀是局部腐蚀的典型类型，多为井下 CO_2 腐蚀引起，蚀坑可能会相互连通，造成管壁局部穿孔甚至断裂而导致油管失效。

（3）缝隙腐蚀　缝隙腐蚀也是局部腐蚀的典型类型，缝隙往往存在于油管螺纹丝扣连接部位，腐蚀性液体进入螺纹接头的缝隙，缝隙内部的流体滞流并逐渐产生酸化自催化效应，导致螺纹丝扣处的过早失效。

（4）电偶腐蚀　两种电位不同的金属材料在同一电解液中导通时会导致电偶腐蚀，活性金属充当阳极被腐蚀，而钝性金属充当阴极被保护。井下油管由于可能采用多种材质组合，或由于井下工具和封隔器的材质与油管不同，可能引起电偶腐蚀。

（5）细菌腐蚀　在注水井中，油管可能遭受以腐生菌（TGB）、硫酸盐还原菌（SRB）为代表的细菌腐蚀，造成油管穿孔。

（6）流致腐蚀　流致腐蚀往往包括磨蚀、磨蚀腐蚀、冲蚀和气蚀等多种形式。井下高速气体、液体，甚至出砂等固体颗粒或多相流体，会造成油管内壁的冲刷腐蚀。

（7）环境敏感断裂　环境敏感断裂是指正常的韧性材料受到环境腐蚀作用导致的脆性断裂。井下油管常见的环境敏感断裂包括由于高温和 Cl^- 共同作用引起的应力腐蚀开裂（SCC），由于硫化氢引起的硫化物应力开裂（SSC），以及交变载荷引起的腐蚀疲劳等。

由于碳钢和低合金钢材料仍然是目前油管管材的主要材质，其腐蚀失效主要

归因于井下含 CO_2 的腐蚀环境。碳钢和低合金钢油管的 CO_2 腐蚀往往表现为高的腐蚀速率、严重的局部腐蚀甚至穿孔，使得油气田井下管材发生腐蚀失效。CO_2 腐蚀的严重程度和腐蚀类型主要受材料表面形成的 $FeCO_3$ 腐蚀产物膜的影响，油管上部的低温范围内（$T<60℃$），由于 $FeCO_3$ 溶解度较大，钢表面不易形成保护性膜层，全面腐蚀减薄占主导地位。油管中部，如温度处于 CO_2 腐蚀敏感的峰值温度（$60℃<T<110℃$）时，由于所形成的腐蚀产物容易剥落，更易形成局部腐蚀穿孔。油管接近井底的温度较高部位（$T>110℃$），$FeCO_3$ 溶解度大大降低且易沉积，生成致密的保护性 $FeCO_3$ 膜层，则可能呈现相对较低的腐蚀速率。

为对抗油管面临的严重 CO_2 腐蚀，1Cr 和 3Cr 低合金钢，甚至 13Cr 马氏体不锈钢越来越多用作油管管材。塔里木油田、胜利油田、东方气田等油气田已经在一些含 CO_2 的油气井中使用了 13Cr 油管，以对抗 CO_2 腐蚀风险，但其在井底高温段仍面临点蚀和应力腐蚀开裂风险。当井下工况中含有 H_2S 时，主要的失效形式可能转为硫化物应力开裂，多发生于温度相对较低且管串拉伸载荷较大的井筒上部。而温度较高的井筒底部，则可能出现 H_2S 和 Cl^- 共同作用下的应力腐蚀开裂。此时，油管材质则需要考虑采用抗硫低合金钢、高等级不锈钢，甚至耐蚀性更强的镍基合金，选择应参考 NACE MR 0175/ISO 15156《石油和天然气工业 油气开采中用于含 H_2S 环境的材料》，该标准规定了温度、H_2S 分压和 Cl^- 的界限值，提供了腐蚀开裂材料的选择评定指南和使用限制。随着海上油气开采方式的逐渐发展，包括注水、多元复合驱、蒸汽驱等在内的多种采油方式，给管材带来更为复杂的腐蚀和断裂威胁。

3.1.3 套管及油套环空的腐蚀与断裂

套管是井下管柱的重要组成部分，位于油管外部，往往包括表层套管、技术套管和生产套管，套管外部与地层或固井水泥接触，起到固定井筒和承担地层压力的作用，以保持井筒的稳定。套管外壁面临的腐蚀主要是直接接触含水土壤、海水，或由于水泥环失效接触地层水时引起的腐蚀。套管内壁的腐蚀与完井方式有关，油管外部和套管内部的环形空间一般称为环空，根据完井方式不同，填充环空空间的介质不同，腐蚀风险也不同。如果井下采用封隔器完井，则封隔器将井底的流体与环空空间隔开，封隔器以上的环空内部以完井液或环空保护液为主，一般认为不含 CO_2 或 H_2S 等腐蚀性气体，腐蚀相对轻微，但如果完井液选择不当或与管材不匹配，则可能造成腐蚀或油管的应力腐蚀开裂。如果不采用封隔器或封隔器失效，则井底的腐蚀性介质可能进入环空，造成油管外壁和套管内壁的腐蚀。

3.1.4 筛管和尾管等其他结构的腐蚀

筛管和尾管一般位于井筒封隔器以下，作为油管管柱的末端，内外壁均直接接触地层腐蚀性流体。目前，国内外有很多种防砂筛管，大体可以分为绕丝筛管、割缝筛管、预充填筛管、带外固套的金属滤网筛管、膨胀筛管等。井底高温下，含砂流体对筛管的冲蚀和腐蚀是筛管失效的主要形式。一旦筛管腐蚀穿孔和多点破漏，就会加速筛管的疲劳，进而过早变形和损坏。

3.1.5　井下工具的腐蚀

井下工具是井筒的重要组成部分，包括封隔器、悬挂器等。在油气田钻探过程中，大量的尾管悬挂器被用于固井。以尾管悬挂器为例，主要由上接头、端环、本体、锥套、卡瓦、支撑套、液缸、扶正环等零部件组成。根据工具运用的实际情况，尾管悬挂器中的各零部件所选用的材质不尽相同。例如：悬挂器单元中的上接头、本体和液缸选用耐腐蚀镍基合金材料；卡瓦由于需要较高的硬度，一般采用渗碳钢；其他部件均采用低碳合金钢。各零部件所处的腐蚀介质与环境特点也有不同程度的差异，因此，尾管悬挂器中的各零部件在服役工况下的主要腐蚀风险和腐蚀类型也会有所不同。在含有腐蚀性介质的环境中，两种或两种以上的金属在相互接触时，会因为电位不同而发生电偶腐蚀。在高温高酸性的工况下，尾管悬挂器会因为不同材质的金属部件相互接触而发生电偶腐蚀。

尾管悬挂器主要服役于高酸性环境，高温高压下的 H_2S-CO_2 腐蚀问题是最大的障碍。尾管悬挂器作为重要的井下工具，一旦由于腐蚀而穿孔、断裂，将导致一系列恶性事故。因此，在高酸性油气井下使用的井下装备，需要采用综合性能更好的沉淀硬化镍基合金，例如 Inconel 718 合金等。尾管悬挂器中的各零部件之间的异金属连接，特别是耐蚀合金和低碳钢之间的连接，电偶腐蚀的可能腐蚀形式表现为电位较负的金属（阳极）腐蚀加速和/或电位较正的金属（阴极）发生电偶氢致应力开裂（GHSC）。

3.2　水下生产设施

3.2.1　水下井口采油树的腐蚀

采油树是阀门和配件的组成总成，用于油气井的流体控制，并为生产油管柱提供入口，包括油管头法兰上的所有装备。采油树系由一系列管线阀、节流阀、三通、连接装置组成。采油树各部件材料所处的腐蚀性环境，可分为与生产流体接触的过流部件所处的内腐蚀环境和与外部海水接触的结构部件所处的外腐蚀环境。

对于采油树内部的过流部件，其环境腐蚀性特点在于流体温度相对较高，流速较快，综合腐蚀性较为苛刻。例如，井口温度区间和流体介质中的 CO_2 容易引起碳钢和低合金钢材料的严重腐蚀，碳钢和低合金钢在此环境下具有较高的腐蚀速率，无法通过增加腐蚀裕量满足寿命要求，则应采用不锈钢等耐蚀合金材料，也可选用碳钢包覆耐蚀合金。又如，由于井口采油树的阀门部件为过流部件，冲刷腐蚀及固体颗粒磨损腐蚀是另一主要腐蚀形式。当存在 H_2S 时，则必须考虑硫化物应力腐蚀开裂的风险，例如 13Cr 等马氏体不锈钢多用于阀门部件的制造，当流体介质中不含 H_2S 时，则可在较大的 CO_2 和温度范围内使用，当流体介质中含 H_2S 时，则需要参照 ISO 15156 进行抗硫选材。电偶腐蚀也是井口采油树常见的腐蚀形式，由于井口装置本身可能由多种材料制成，且井口悬挂器与井下油套管直接接触，一旦由于密封失效等原因导致生产流体进入一些部件间隙，不仅能够造成缝隙，还容易引起电偶腐蚀。

阀门结构是采油树重要的组成部分，生产流体往往造成阀门内腐蚀，阀门密封分为主密封（金属与金属）和次密封（橡胶），主密封结构如果存在异种材质之间的接触，则可能产生电偶腐蚀，次密封则可能由于温度过高导致橡胶失效而失去密封作用。阀内杂质沉积、阀体与阀座接触面锈蚀、密封脂不充足以及介质温度较高等均可能造成阀门腐蚀和内漏。

对于水下井口采油树的外壁和结构部件，其环境特点在于海水腐蚀性。如采用碳钢或低合金钢，需进行全面的阴极保护，阴极保护设计时应考虑深水环境的特点，避免由于阳极消耗过快导致的过早失效。如采用不锈钢，则存在不锈钢在海水中的点蚀风险，也应考虑适当的阴极保护措施，注意避免不锈钢在海水及阴极保护下的氢致应力腐蚀开裂风险。

3.2.2　水下管汇及跨接管的腐蚀

管汇是水下生产用于集输生产流体或注入流体的支干管线和阀门的主要系统，完整的管汇系统包括弯头、管道连接器、流体控制系统和分流调节器。管汇系统也包括控制系统，如水压和电力控制。水下管汇包括基盘式和集成式等。基盘式一般可连接 8~12 口采油树。集成式为水平式连接系统，具有较多阀门。管汇和相关管线的腐蚀风险主要在焊接部位、法兰和连接件部位。

管汇中大量的直、短管段处于内部生产流体和外部海水的腐蚀环境，内部生产特点与海底管道类似，主要面对 CO_2 和 H_2S 腐蚀，管汇内部流体较高流速时容易引起过流部件的冲刷腐蚀。在服役期的管汇中往往需要输送各种流体（各种采出液，化学缓蚀剂和/或可能含氧的天然海水）。例如，挪威北海区域一海底气田，CO_2 含量为 2.4%，井口压力高，温度高达 105℃，其管汇主体为碳钢，水下管汇内部腐蚀严重。为避免腐蚀，管汇中的管线往往选用耐腐蚀合金或超级双相不锈钢制造。

管汇复杂的几何结构使腐蚀问题变得复杂。复杂的多相流态对于垂直段管路和水平段管路造成较大影响。对于管汇中常见的弯头、三通，需考虑湍流带来的冲刷和载荷效应。而法兰及密封圈需尽量采用与管道相同的材料，以避免电偶腐蚀。管汇中还可能存在乙二醇或三甘醇（MEG）加注管线，相对腐蚀风险较低。对于水下管汇，螺栓和螺母也是十分重要的组成要素，一旦使用不当，则更易引起环境断裂。

3.2.3　水下连接器的断裂

水下接头和各类连接器往往采用超级双相不锈钢作为主要材料，在连接器处曾出现多起由于阴极保护电位过负引起的双相不锈钢焊缝处的氢致应力开裂失效。当水下生产系统为提高耐蚀性采用双相不锈钢，外部结构件采用比强度较高的低合金钢时，由于使用联合阴极保护，过负的阴极保护电位使得更多的氢进入双相不锈钢，在组织不佳的焊缝处和高载荷部位，例如连接器与法兰的焊接处，诱发氢致环向断裂。

3.2.4　水下生产设施结构件的腐蚀

水下生产设施结构件的腐蚀主要是深水全浸区的海水腐蚀和海泥腐蚀。由于腐蚀过程受到氧扩散控制，全浸区碳钢结构件的腐蚀速度约为 0.12mm/a，往往需要进行涂层和阴极保护的联合防腐。海泥区主要由海底沉积物构成，与陆地土壤不同，海泥区含盐度高，电阻率低，腐蚀性较强。与全浸区相比，海泥区的氧浓度低，但海底微生物腐蚀风险较高。

3.2.5　脐带缆的腐蚀

随着海洋深水油气田的开发，水下控制系统得到了迅速的发展，脐带缆的使用量大幅攀升，对井口控制系统的技术要求越来越高。井口控制系统通过液压和电气系统连接到传统的海洋处理平台，两个位置之间的物理连接称作脐带。海底脐带作为海面钻井控制平台和海底油井的连接，是水下生产系统的生命线，起到传输信号和向海底油气井运送化学品的作用。一般由电线单元、电缆单元、软管/钢管单元、光缆单元集成混合脐带缆，内部是电缆（动力缆和/或信号缆）、光缆（单模或多模光缆）、液压或化学药剂管（钢管或软管），外部是聚乙烯塑胶保护套。因为关系到信号传输、液压输送，因此脐带缆的选材和防腐成为其服役过程中的重大安全问题。

脐带缆下放到海底后，在安装时会有海水进入各管道中，所以为防止海水腐蚀，钢管应选用高强度不锈钢。缝隙腐蚀是脐带缆常见的一种腐蚀形式，传统的脐带缆基本用于低温下，缝隙腐蚀倾向不严重，但随着脐带缆越来越多在高温环境下服役，缝隙腐蚀现象频繁发生。海底脐带缆材料要求具有高的抗腐蚀性能和抗疲劳强度（承受高周和低周疲劳），腐蚀失效形式以缝隙腐蚀和氢致应力开裂（HISC）为主，偶有点蚀情况发生，往往在选材时选择点蚀当量比较高的超级双相不锈钢。

3.3 海底管道

海底管道是海上油气田的重要组成部分，因其出入口温度、压力变化大，输运介质中含有 CO_2、H_2S、O_2、Cl^- 等腐蚀性物质，同时砂垢沉积容易导致细菌的滋生，因此，海底管道遭受着巨大的内腐蚀风险。根据 2013 年最新统计数据，我国迄今可查的 30 余起海底管道故障中，有超过 1/3 是管道内腐蚀引起的。近年来，许多管道逐步进入了中后期服役阶段，腐蚀风险呈上升趋势，内腐蚀引起的海底管道故障和失效已接近 50%。

3.3.1 原油及油气水混输海底管道的腐蚀

对于油水多相混输海底管道而言，管道底部腐蚀多发生在管道下半部分位置，往往是管道底部形成连续的水相引起，既可能表现为均匀腐蚀减薄，也可能形成大量蚀坑。

均匀腐蚀是腐蚀的最常见形式，是以差不多可预测的腐蚀速率进行的相对均匀的电化学反应所造成。这种均匀性意味着其腐蚀速率可进行预测，并可以通过留出足够的腐蚀裕量用于合理的管材壁厚设计。均匀腐蚀导致管道壁厚逐渐减小和管道强度损失，在超压情况下可能引起管道破裂。

局部腐蚀种类很多，包括在碳钢管道内壁形成的小孔状点蚀、台地腐蚀、沉积物下方的垢下腐蚀和细菌腐蚀等。点蚀具有自催化特点，在某些情况下，几个点蚀坑可能会相互连通造成管道失效，而这些管道的其他部位都完好无损。海底管道中引起局部腐蚀的典型代表是 CO_2 腐蚀和细菌腐蚀，往往导致管道穿孔和泄漏风险。

绝大部分腐蚀问题发生的前提条件是有液态水的存在，水相存在的状态直接影响了腐蚀发生的机制和形态，由此带来不同类型的腐蚀风险和评估策略。由于海底多相混输管道输送介质中往往含水率较高且为层流，在管道底部容易形成积水或固相颗粒沉积，均使得管道底部内壁接触连续水相，为介质中的 CO_2、H_2S、SRB 等腐蚀性物质提供了腐蚀发展的局部环境。

当腐蚀过程具有适宜的环境时，腐蚀的发生就依赖所谓的"腐蚀剂"，即能够引起腐蚀反应或夺取金属电子的物质，如海底管道常见的 CO_2 腐蚀、H_2S 腐蚀、微生物腐蚀（或细菌腐蚀）等。从腐蚀的各类层次角度看，有可能腐蚀是 CO_2 直接导致的，但由于处于垢下环境，有时也可以说是垢下腐蚀。另外，细菌腐蚀中的硫酸盐还原菌（SRB）腐蚀，实际上只是参与了对阴极反应形成的氢原子的消耗，促进了腐蚀过程，但由于其菌落繁殖和生物膜结痂附着于管道内壁表面，往往诱发严重的点蚀。同时，海底管道更为突出的促进腐蚀的原因还在于管道内部的温度和压力环境，例如 CO_2 腐蚀存在一定的敏感温度区间，SRB 腐蚀也依赖与其适宜生长的温度，压力的变化使得溶解在水中的腐蚀性介质的量变化，都会显著影响腐蚀过程。

当环境中存在 H_2S 等特殊介质及力学作用时，除了全面腐蚀和局部腐蚀，还可能引起环境敏感断裂。通常含 H_2S 条件下，当 H_2S 分压大于 0.3kPa 时，应考虑由此引起的硫化物应力腐蚀开裂和氢致开裂风险。例如，在我国南海各海底管道中，其服役工况往往涉及微量 H_2S 存在，但往往又达不到环境断裂的敏感阈值。

实际上，某一部位腐蚀的发生，多数情况下是由多个因素或者机制协同作用产生。例如：管道底部发生腐蚀，首先是由于管道底部存在积水，提供了腐蚀的环境；其次，要存在能够引起腐蚀的物质，也就是 CO_2 或者 H_2S 存在；再次，管道底部细菌的滋生、垢的沉积、腐蚀产物膜的破损等，提供了更加适合局部腐蚀发展的大阴极小阳极腐蚀电池环境，造成所谓的微生物腐蚀、垢下腐蚀，这些局部环境促进了蚀坑的形成和快速发生，并引起严重后果；最后，腐蚀控制措施的失效导致腐蚀无法受到抑制而持续发展。

根据导致腐蚀的直接原因，多相混输海底管道可能发生的内腐蚀失效形式一般包括 CO_2 腐蚀、H_2S 腐蚀、溶解氧腐蚀、微生物腐蚀（或细菌腐蚀）、垢下腐蚀等。

（1）CO_2 腐蚀　CO_2 腐蚀是导致海底管道内腐蚀的最重要形式，特别是对于我国南海油气田而言，在输送介质中往往含有 CO_2 且比例较高，对于碳钢管线形成了较大的挑战。CO_2 腐蚀也是油气田生产中管材腐蚀失效的主要原因之一。一般来说，干燥的 CO_2 对碳钢并没有腐蚀性或其腐蚀性极为轻微。CO_2 气体溶于水形成 H_2CO_3，会造成输送管线严重的内腐蚀。CO_2 腐蚀最典型的特征是呈现局部的点蚀、癣状腐蚀和台地状腐蚀，其中台地状腐蚀是腐蚀过程最严重的一种情况，这种腐蚀的穿孔率很高，腐蚀速率通常可达 $3\sim7\text{mm/a}$。油气田中的 CO_2 腐蚀多处于多相流介质环境中，往往表现为全面腐蚀和一种典型的腐蚀产物或沉积物下方的局部腐蚀共同出现。碳钢的 CO_2 腐蚀过程是一系列的化学反应过程、电化学反应过程和传质过程相互影响、相互作用的共同结果。$FeCO_3$ 通常是最终的主要腐蚀产物，保护性的腐蚀产物膜在碳钢表面的形成，可以显著降低碳钢的 CO_2 腐蚀速率，但一旦腐蚀产物膜被流体破坏，则反而引起严重的局部腐蚀。

多相流介质中的 CO_2 腐蚀涉及电化学、流体力学、腐蚀产物膜形成的动力学等领域，其影响因素很多，主要环境因素包括温度、CO_2 分压、H_2S 含量、水介质组成、pH 值、流速、原油特性等。CO_2 腐蚀一般随着 CO_2 分压的增加或 pH 值降低而更为显著，温度的影响存在一个敏感区间，一般在 $60\sim110℃$ 之间出现 CO_2 腐蚀的峰值，因此也导致海底管道某些里程部位腐蚀最为严重的现象。

（2）H_2S 腐蚀　　H_2S 与 CO_2 类似，也是海底管道主要的腐蚀性介质。H_2S 往往与 CO_2 共存，二者的腐蚀机理存在竞争与协同效应。H_2S 一方面造成氢致开裂和硫化物应力腐蚀开裂，另一方面对电化学减薄腐蚀也有很大影响，且一旦 H_2S 存在，往往对腐蚀起控制作用。由 H_2S 腐蚀产生的硫化物膜对于钢铁基体具有保护作用，当 CO_2 介质中含有微量或少量 H_2S 时，腐蚀速率有时会有所降低。一般认为，CO_2/H_2S 的分压比决定 CO_2/H_2S 共存条件下的腐蚀状态，将其分为三个控制区。$p(CO_2)/p(H_2S)<20$ 时，H_2S 控制整个腐蚀过程，腐蚀产物主要是 FeS；$20<p(CO_2)/p(H_2S)<500\sim800$ 时，CO_2/H_2S 混合交替控制，腐蚀产物主要是 FeS 和 $FeCO_3$；$p(CO_2)/p(H_2S)>500\sim800$ 时，CO_2 控制整个腐蚀过程，腐蚀产物主要是 $FeCO_3$。

CO_2/H_2S 腐蚀的影响因素主要包括材料本身性能、环境因素、缓蚀药剂。当存在少量 H_2S 时，会与其他环境因素，如温度、流速、CO_2 分压等因素发生交互作用，通过影响腐蚀产物膜的成分、结构以及完整性，从而对腐蚀形态和腐蚀速率产生影响。H_2S 分压在不同范围内对腐蚀速率有着不同的影响趋势，随着 H_2S 分压的增加，腐蚀速率呈先下降、保持不变、再上升的趋势。

（3）溶解氧腐蚀　　通常输送油气的管道内部属于无氧环境，O_2 主要来源于注水工艺、避台或停产作业时注入输油管道的未脱氧海水，或注入某些化学药剂时携带混入，或在分离和存储等环节中的低压工艺设施操作不当引起的空气进入。溶解氧在极小浓度的情况下也可以导致严重的腐蚀。如果存在溶解的 H_2S 和 CO_2，即使痕量的溶解氧也会剧烈地增加其腐蚀性。溶解氧的存在对于使用内衬不锈钢的海底管道而言也是十分重要的威胁，通常不锈钢在海水环境中对溶解氧和 Cl^- 以及细菌的耐受度是有限的。

（4）细菌腐蚀　　硫酸盐还原菌（SRB）是一种厌氧的微生物，广泛存在于土壤、海水、河水、地下管道以及油气井等缺氧环境中，也是海底管道内腐蚀的重要原因之一。实际工况下，SRB 腐蚀形貌多为局部点蚀，蚀坑是开口的圆孔，纵切面呈锥形，孔内部是许多同心圆环或阶梯形的圆锥。注水管道、输油管道、油气设施若在试压、试运行过程中使用未经处理的海水，也可能导致管道发生细菌腐蚀。SRB 在含水大于 $2\%\sim3\%$ 的环境下才能存活，SRB 代谢过程需要海水或生产水中的矿物质和有机质。SRB 腐蚀是一个非常复杂的问题，一方面是由细菌本身的属性所决定的，另一方面 SRB 腐蚀往往在复杂的介质环境中发生，涉及与砂、流动介质、缓蚀剂等的耦合，往往与垢下腐蚀等局部环境相关。

（5）沉积物垢下腐蚀　　在油气管道内部，固体颗粒沉积主要包括砂子、淤泥、硫元素、石蜡、沥青，以及腐蚀产物、碳酸钙、硫酸钙等难溶颗粒等。固体颗粒沉积通常发生在流体流动速率较低及清管不充分的海底管道中，与固体颗粒尺寸及形状、流体的流速及流态有关，沉积后往往会导致局部产生较为严重的沉积物下腐蚀（俗称垢下腐蚀）。固体颗粒沉积可能会促进细菌生长，增大细菌腐蚀的可能性。

（6）流动的影响　流速对腐蚀的影响非常复杂，高的流速加速反应物的传输过程，而且介质的切向作用力会阻碍腐蚀产物膜的形成，或对已形成的保护膜有破坏作用，导致严重的局部腐蚀。另外，过低的流速也会由于引起足够的沉积物形成垢下腐蚀环境而增加腐蚀风险和危害。

（7）原油的影响　碳钢在含 CO_2 的油水介质中腐蚀速率随油水比的变化规律可分为三个区域：一是含水率较低的区域，形成水分散在油相中的乳化液，腐蚀速率主要受乳化液的黏度、盐含量等的影响，相对较低。二是含水率较高的区域，乳化液不稳定，原来分散在油相中的水滴开始聚合，水浸润金属表面，腐蚀速率迅速增大。三是含水量更高的区域，水相相连形成连续相，油相只占较小的一部分，腐蚀与金属表面的连续水层的腐蚀性和反应物的传输过程相关。对于原油的影响，目前尚无严格标准判断腐蚀速率迅速增大的临界含水率，与原油的化学、物理性质相关。

3.3.2　天然气海底管道的腐蚀

对于天然气海底管道，全面腐蚀是其内腐蚀的最常见形式，在露点温度以下运行的干气环境中，碳钢管道通常允许有 0.04mm/a 的腐蚀速率，而在未脱水的湿天然气海底管道中，腐蚀形式则更为复杂。

（1）积水部位的腐蚀风险　在海底管道向上爬升阶段，当倾角过大时，容易发生积水。而且海底本身是不平坦的，可能存在一些低洼部位，会有积水产生。积水部位容易造成腐蚀性介质富集，低洼积水部位如果在海底管道前段温度较高区域，也会造成较严重的腐蚀。如果天然气海底管道输送产量下降，流速降低，携液能力下降，或含水量升高，则发生积水的部位会扩大。

（2）湿气冷凝造成的顶部腐蚀风险　海底管道入口温度相对较高，而海水环境温度很低，在较大的温差下，管流物中的水汽容易在管壁凝结，形成液态水。如果海底管道入口处及下游数千米的流态为层流，液相中的缓蚀剂很难对顶部形成保护，则顶部的冷凝水在高含 CO_2 环境下会造成较为严重的腐蚀。因此海底管道的前段，温度较高、冷凝速率较快时发生顶部腐蚀的风险较大。对于管线后段，由于温度已趋向于环境温度且保持平稳，发生冷凝的概率较小，顶部腐蚀风险也较小。

湿气 CO_2 腐蚀的基本机理仍是 CO_2 腐蚀，近年来对 CO_2 腐蚀的研究已经进行得比较深入，对钢表面与腐蚀过程相关的电化学反应及其机理可以作为湿气腐蚀研究的基础。但由于湿气状态与全浸状态的不同，管道内薄壁液膜的电解质特性、液膜状态、凝结换热过程的影响等均与全浸状态有所不同，因此湿气腐蚀过程的特点也非常突出，液滴或液膜的冷凝是其可发生腐蚀反应的必要前提。CO_2 腐蚀中的各个影响因素在湿气条件下也都对其产生影响，但由于湿气腐蚀过程的特征，影响腐蚀的原理和重要性是有区别的。在湿气腐蚀中，由于液滴形成及其化学反应是腐蚀中重要的过程之一，所以冷凝速率及其间接影响因素成为湿气腐蚀研究的重点，冷凝速率越大，腐蚀速率越大。

（3）高流速带来的腐蚀风险　由于在设计阶段无法得到单井产量数据，因而无法对流速进行准确预测，但高流速可能增大井口管线或主管线的腐蚀风险。当流速较高时，一方面存在冲蚀风险，另一方面会对缓蚀剂产生影响，一旦超过缓蚀剂的"极限流速"，缓蚀剂可能在高速气流作用下无法附着在钢管内壁。高流速还会产生较大的壁面剪切力，可能对碳钢的腐蚀产物膜造成破坏，加速腐蚀。但相对较高的流速，可以提高气相携液能力，可能使层流变为其他流态，也能在一定程度上降低积水和顶部腐蚀风险。

（4）工艺参数变化导致的风险　生产中、后期，产量、压力等参数可能发生较大变化，这会使多相流海底管道的流态、流速发生变化，可能使得腐蚀风险增大。产量的显著降低并不能代表腐蚀速率会降低，相反，由于流速的降低，导致携液能力下降，流态可能发生改变，底部腐蚀和顶部腐蚀风险可能同时加大。从管道温降的角度考虑，产量越低，温降速度越快，意味着某些部位可能有很高的冷凝速率，顶部腐蚀风险加大。

3.3.3　注水管线的腐蚀

为提高油田产量，某些油井需要注水生产，因此需要采用注水管线将注入水输送至井口。同时，海上油田的部分井口平台，投产初期油田产出水较少，为解决海底管道的流动安全保障问题，需要油气水海底管道掺海水进行输送。对于这类管线，掺入海水后，将引入溶解氧、微生物与产出油气混合，形成复杂的腐蚀体系。由于海水引入溶解氧和微生物（SRB、TGB 等）等腐蚀因子，以及油气水混输海底管道掺海水在运行过程中的结垢风险，均会对海底管道的安全运行形成挑战，尤其是存在多腐蚀因子交互作用的情况下，海底管道腐蚀速率会明显升高，局部腐蚀敏感性增加。

3.3.4　特殊材质海底管道的腐蚀

对于特殊材质的海底管道，在海水中仍然存在腐蚀风险。比如不锈钢内衬管，在海水中的均匀腐蚀可以忽略，海水中的溶解氧提供了氧化性环境，当氧化性足够强时，不锈钢的表面可以产生致密的钝化膜，且破坏后可以再生，从而使不锈钢有很好的耐蚀性。但海水中的 Cl^- 对钝化膜具有强烈破坏作用，当钝化膜局部破坏时就会导致点蚀、缝隙腐蚀或应力腐蚀。点蚀和缝隙腐蚀在一定条件下还可以发展成为沟槽腐蚀和隧道腐蚀。

（1）不锈钢的点蚀　点蚀通常发生在表面有钝化膜或保护膜的金属材料表面，例如不锈钢、铝合金等。点蚀的产生和临界点蚀电位有关，当金属表面的电位高于临界点蚀电位时才能发生点蚀。由于不锈钢在化学和物理上的不均匀和不完整性，在非金属夹杂、第二相沉积、孔穴和裂隙等缺陷部位容易发生 Cl^- 的吸附，使钝化膜产生破坏。当钝化膜的自我修复速率低于钝化膜的破坏速率时，就会暴露出新鲜的金属基体，金属基体处于活化状态，未受破坏的钝化膜处于钝态，这样就形成了活性-钝性腐蚀电池。蚀孔发生阴极还原反应，pH 值升高，形成氢氧化铁，堵塞小孔；蚀孔内的铁不断溶解成 Fe^{2+}，导致更多的 Cl^- 迁移到蚀孔内，形成高浓度氯浓缩物，氯化物在小孔内水解，使孔内的酸度提高，又加速金属的溶解，形成了自催化过程，使蚀孔迅速发展，形成点蚀。

一般地，常用于海洋中的不锈钢的 PREN 值大于 40 时才能满足在海洋中的服役要求，故在海洋中服役时需要阴极保护。

（2）不锈钢的缝隙腐蚀　在海水中，不锈钢的缝隙腐蚀比点蚀更加容易发生。在金属与金属及金属与非金属之间构成狭窄的缝隙内，有电解质溶液的存在，介质的迁移受到阻滞时产生的一种局部腐蚀形态称为缝隙腐蚀。

影响不锈钢缝隙腐蚀的几个因素如下：不锈钢的类型、缝隙的几何形状、化学环境以及温度。对缝隙腐蚀有影响的另一个因素是生物膜。海生物会栖息于金属表面，使不锈钢表面被屏蔽而得不到发生钝化所需要的氧，进而产生缝隙腐蚀。

对于不锈钢在海洋中的缝隙腐蚀，主要通过阴极保护来实现。但阴极保护电流过大时可能引起氢脆问题。

（3）不锈钢的应力腐蚀　不锈钢材料在环境介质和应力的共同作用下，引起的破坏现象称为应力作用下的腐蚀，它包括应力腐蚀、腐蚀疲劳、冲刷腐蚀和磨损腐蚀。应力腐蚀会导致灾难性的断裂事故，而且前期很难察觉它的存在。通常情况下，在海水中应力腐蚀并不是一个很严重的问题。但海洋中服役的金属经常受到冷的加工或焊接，这些工艺会使得材料中存在很大的残余应力，能促进应力腐蚀。

（4）不锈钢的氢脆　在海洋工程中，为了防止不锈钢产生缝隙腐蚀或者点蚀，经常采用的方法主要是阴极保护。但当采用阴极保护方法时，会在不锈钢表面引入氢，在应力作用下氢会富集，当浓度超过临界值时就会引起裂纹形核、扩展，从而导致不锈钢的氢脆。

（5）不锈钢的腐蚀疲劳　在腐蚀疲劳条件下，不锈钢很容易发生点蚀和缝隙腐蚀，从而成为腐蚀疲劳的裂纹核。在循环应力和腐蚀介质的联合作用下，裂纹核由材料表面向材料内部扩展长大，导致腐蚀疲劳裂纹扩展（往往晶穿扩展）。当裂纹长度扩展达到临界尺寸时，在疲劳应力（最大值）作用下就会导致材料断裂。

防止或降低腐蚀疲劳必须设法避免腐蚀或降低疲劳载荷，或者两者兼顾。常见的方法是合理选材、表面处理以及阴极保护等。

3.4　立管类结构

海洋平台立管作为平台与海底的联系通道，是海上油田生产系统的重要组成部分。海洋平台立管从海底垂直延伸到水面以上，所处的海洋环境复杂恶劣，管道的内部受到高温高压的石油或天然气等流动介质的腐蚀，外部还要受到海风、海浪、海流、海冰和地震等自然环境的影响。在这种复杂多变的恶劣环境下，海洋平台立管很容易遭到破坏，从而导致事故，造成经济损失和环境污染。海洋立管系统型式主要由服役的油田水深、外部环境复杂程度、上部连接平台结构、本身的使用功能、经济条件及性价比等因素所决定。海洋立管、支承构件以及海洋立管上的管路附件与防腐系统组成了海洋立管系统。海底管段、过渡管段、垂直管段、甲板管段及水平膨胀弯管等组成海洋立管。海底管段是与海底完全接触或埋入海底的固定管段，过渡管段是从嵌固点到海洋平台垂直立管间的管段，甲板管段是海洋平台甲板上的管段。支承构件是指沿海洋立管所设置的滑动套、海洋平台上的弹性吊架或固定锚固的一系列约束构件。

根据美国海洋立管事故的不完全统计，1994～2006 年美国共发生近 40 起立管事故，11 起事故由第三方破坏引起，其中船只碰撞 7 起，船只抛锚和吊机落物各 2 起；直接由于荷载作用引起的有 7 起；由于立管腐蚀导致的失效有 5 起，包括管内腐蚀和管外腐蚀；由于管理不善引起的有 12 起。

立管的内腐蚀是指管道内表面的腐蚀。由于立管输送介质大多是高温高压油气，并且经常会油气混输、油气交替输送，内表面腐蚀不可避免。内腐蚀主要包括生产管柱和立管的 CO_2、H_2S 腐蚀，注水管柱和泵管的溶解氧腐蚀和微生物腐蚀，沉箱等结构的生产污水腐蚀等。立管的外腐蚀是立管在海洋环境中的腐蚀，包括海水腐蚀和大气腐蚀。海洋环境中引起腐蚀的因素很多，如海洋大气盐分、温度、湿度、光照、海水盐度、含氧量、氯离子含量、海洋生物、海上漂浮物、海流及海浪的冲击等，都不同程度地影响立管的腐蚀。当海洋立管受到腐蚀后，管壁厚度变薄，即使是局部变薄，也会使管壁强度降低或造成应力集中，严重时造成管壁穿孔、破坏等泄漏事故，使立管不能正常输送。

3.4.1　立管类结构的海水飞溅区腐蚀

立管外腐蚀取决于立管所处的外部环境，海洋平台立管所处的海洋环境复杂恶劣，外部受到海风、海浪、海流、海冰和地震等自然环境的影响，使海洋平台立管外腐蚀问题较为严重。

海水是典型的电解质，电化学腐蚀的基本规律适用于海水腐蚀，其阴极过程主要是氧的去极化，是腐蚀的控制性环节。海水腐蚀的典型特点是从海平面以上的海洋大气区到海底的纵深范围，海水腐蚀的特点和腐蚀速率不同。根据海洋环境影响立管腐蚀的因素和腐蚀速率的不同，通常把海洋立管腐蚀划分为五个不同的区域，即海洋大气区、浪花飞溅区、潮差区、全浸区和海底泥土区。同时，海洋中的大量动物、植物及微生物、生物附着与污损均对金属的腐蚀产生影响。

海洋浪花飞溅区是海水腐蚀最为严重的区域，通常指平均高潮线以上海浪飞溅润湿的区域。由于此处海水与空气充分接触，含氧量最大，再加上海浪的冲击作用，使之成为腐蚀性最强的区域。

由于海水含氧量大，持续猛烈冲击，并伴有干湿交替，加剧了材料的腐蚀破坏。此外，海水中的气泡对钢表面的保护膜及涂层来说具有较大的破坏性，漆膜在浪花飞溅区通常老化得更快。对立管而言，飞溅区是所有海洋环境中腐蚀最为严重的部位。在飞溅区干湿交替过程中，钢的阴极电流比在海水中的阴极电流大。

处在飞溅区的材料常被饱和空气的海水所湿润，与海洋大气区类似。在挪威石油天然气开发早期，挪威船级社提出了飞溅区的保护要求：保护范围为潮差区加波高，最高限为高潮位加上65％波高，最低限为低潮位以下35％波高，但实际保护范围可能要比此范围小得多。美国腐蚀工程师协会的相关标准 NACE RP 0176—2006 将飞溅区保护范围定义为由于受到潮汐、风浪等影响而交替浸湿的区域。根据我国不同海域钢结构的腐蚀状况，我国浪花飞溅区范围约在海水平均高潮线以上 0～2.4m 处，最严重的腐蚀峰值位置约在海水平均高潮线以上 0.6～1.2m 处，例如，湛江海域为平均高潮线以上 1.2m。

飞溅区没有附着生物，但含盐粒子量及海水干湿交替程度均比海洋大气区大。在风浪作用下，海水的冲击作用会加剧飞溅区中结构材料的破坏。影响腐蚀的主要环境因素是含盐粒子大，因受到浪花飞溅的干湿交替和温度的相互作用，加之海水中的气泡冲击，破坏材料表面及其保护层而加剧了腐蚀，因此海水飞溅、日照造成干湿交替的环境使腐蚀更激烈。

由于飞溅区受到海浪的冲击和海水的浸泡以及干湿交替作用，使该处的防腐层过早失效或更易剥落，缺乏防腐层保护的立管表面由于海水飞溅，干燥时间短而很难形成保护性的锈层，因此在自然条件下更容易发生腐蚀。由于防腐层过早失效，此时裸露的钢管在飞溅区的阴极保护也很难实现。因为在干湿交替过程中，阴极保护仅在海浪冲击上升过程中有效，当海浪落下后，飞溅区立管干燥时阴极保护即消失。

防腐层破损后，长时间的腐蚀使管壁产生锈层，锈层中的 Fe_3O_4 具有一定导电性，利于电化学反应进行，在干湿交替过程中锈层产生裂缝和通道，氧容易通过此通道扩散进入锈层使 Fe_3O_4 氧化。经过多次干湿交替过程，形成氧化-

还原-再氧化的循环加速腐蚀，并由于季节性因素形成多层状易剥离的层状锈层。碳钢在飞溅区的锈层疏松、孔隙裂纹多、阻抗低、保护性较差，也是腐蚀的原因之一。

对于部分双层立管，外管腐蚀失效后，海水开始进入内外环空，外管外壁在干湿交替下，腐蚀依然进行。海水进入环空区域灌满空间，在环空区域的腐蚀过程中有三个影响因素：①环空内水平面在管壁处形成水线，随着腐蚀的进行，水线内外形成氧浓差，容易在水线处加速腐蚀的进行；②缝隙加速腐蚀，海水进入环空区域后，随着时间延长，海水渗入泡沫与外管内壁的间隙，在狭小空间内形成缝隙腐蚀；③内管干湿交替，大量含盐粒子进入环空区域，进一步促进外管内壁和内管外壁的腐蚀。

3.4.2 立管水面以下部分的腐蚀

除了飞溅区腐蚀，立管在水面以下部分的外腐蚀基本符合海水腐蚀的分区特点，而内腐蚀与海底管道和油井管类似。同时，由于立管结构容易出现段塞流，导致该处更易产生冲刷腐蚀效应，且不利于缓蚀剂的稳定存在。水面以下的海水腐蚀主要可以分为潮差区腐蚀和全浸区腐蚀。

潮差区即海水水线变动区，是指平均高潮位和平均低潮位之间的区域。在这一区域，氧气扩散相对于飞溅区慢，金属表面的温度既受气温又受水温的影响，但通常接近或等于海水的温度。在这一区域，立管结构在海水涨潮时被充气海水所浸没，产生海水腐蚀，而退潮时又暴露在空气中，产生湿膜下大气腐蚀。对于立管而言，裹挟大量气泡的海浪所造成的空泡腐蚀在飞溅区和潮差区都存在，对立管外表面涂层表面层的耐冲击能力提出了较高的要求。此外，海洋生物能够栖居在潮差区内的金属表面上，如果附着均匀密布，可以在钢表面形成保护膜而使钢结构的腐蚀相对减轻。如果是局部附着，会因附着部位的钢与氧难于接触而产生氧浓差电池，使得生物附着部位下面的钢产生强烈腐蚀。同时，生物的种类不同对金属的腐蚀影响也会不同。当高潮位时，被海水浸没的部分，可以得到导管架牺牲阳极的保护；当低潮位时，则无法得到阴极保护。

全浸区是指常年低潮位以下直至海底的区域。暴露于海水全浸区的立管结构的腐蚀受含氧量、流速、盐度、污染和海生物等因素的影响。由于钢铁在海水中的腐蚀反应受氧的还原反应所控制，所以海水含氧量对全浸区立管的腐蚀起着主导作用。海洋生物的污损对钢管桩的腐蚀也具有较大的影响，海洋生物的附着通常会造成以下几种腐蚀破坏：①海洋生物附着的局部区域，将因形成氧浓差电池发生局部腐蚀。例如，藤壶的壳层与金属表面形成缝隙，产生缝隙腐蚀。②海洋生物的生命活动，局部地改变了海水介质成分。例如藻类植物附着后，其光合作用可增加局部海水中的氧浓度，加速了腐蚀。③海洋生物对金属表面保护涂层的穿透剥落等破坏作用。例如苔藓虫、石灰虫、海藻和藤壶等附着在立管表面，会穿透或剥落钢管表面的保护膜和涂层，对钢管造成比较严重的腐蚀。

立管通过导向紧固管卡等位置的机械连接，与整个导管架连成一体，从而可以得到导管架上牺牲阳极的部分保护。由于导管架上牺牲阳极保护电流分布不均，立管电连接效果不好，海洋生物附着侵蚀，海流冲刷等原因，立管水下部分也存在一定的腐蚀问题。没入海泥的立管的外壁防腐，也主要依靠邻近的导管架牺牲阳极提供保护。海洋洋流对平台全浸区的腐蚀也产生一定的影响，在长期固定方向的海流冲刷下，平台全浸区钢结构会有相对固定的迎海流面和背海流面，受几何结构影响，钢结构局部可能形成湍流，这都使得导管架及立管局部腐蚀差异扩大，一定程度上加速了腐蚀的发展。

3.4.3　沉箱结构的腐蚀

开排沉箱用于收集平台上的设备、容器泄漏及清洗等排放的含油污水和甲板地漏污水。排放物首先汇集于开式排放管汇，然后流入开排沉箱。该系统属于常压系统，与大气相通。含油污水在开排沉箱内停留后，污油漂浮在上面，当液位达到一定值时，开排泵将自动启动，将开排沉箱中的液体打入闭排罐中，而开排沉箱底部不含油的污水达到排放标准后经溢流管排海。沉箱外部的腐蚀防护与其他立管类似，内部一般布置有牺牲阳极进行防护。

南海海域主要平台的沉箱结构曾出现多起腐蚀穿孔故障，部分沉箱腐蚀位置处于海洋飞溅区的焊缝处，部分腐蚀位置则分布在水下 $5\sim30\text{m}$，往往同时出现多个腐蚀穿孔。沉箱一方面遭受污水介质的内腐蚀，另一方面遭受海水介质的外腐蚀。沉箱的外腐蚀问题与其他立管结构类似，此处不再赘述。沉箱处理的水中一般含有生产水和甲板污水，往往由于生产水的排放量超过沉箱设计能力，加之甲板污水排放，且生产污水中仍含有大量侵蚀性离子（Cl^-）和溶解的 CO_2、H_2S、O_2 等腐蚀性介质，且污水水温较高，一旦沉箱内壁牺牲阳极消耗过快或涂层破损，则会导致内壁腐蚀。

生产水的高排放量和高流速是沉箱发生腐蚀穿孔的主要原因。影响沉箱腐蚀的机制与因素有 CO_2 腐蚀、CO_2-H_2S 腐蚀、磨蚀和冲蚀、O_2 引起的腐蚀、Cl^- 的影响、电偶腐蚀等。沉箱内生产水来自生产分离器脱出的生产污水，仍然含有溶解性 CO_2 和/或 H_2S，因此生产水呈酸性，对沉箱管体具有腐蚀性。在分离和存储等环节中的低压工艺设施，若操作不当，空气就可能进入，从而将 O_2 带入到工艺系统。而沉箱为常压系统，含有一定量的氧气，进入沉箱中的 O_2 本身就能引起腐蚀，且会与 H_2S 反应生成单质硫而导致更严重的腐蚀。由于沉箱入口生产水实际流量高于设计值，因此沉箱挡板不仅承受来自生产水和甲板污水的 CO_2/H_2S/O_2 腐蚀，还遭受磨蚀的冲击。大流量导致的高壁面剪切力，往往造成挡板表面的腐蚀产物膜被冲刷后，裸露的金属表面更容易开始产生新一轮的腐蚀，反复冲刷造成沉箱挡板的失效。

3.4.4　泵护管的腐蚀

平台柴油消防泵和海水提升泵的泵护管也是一种立管类结构，也易出现较严重的腐蚀穿孔。经检查某平台海水提升泵的腐蚀状况，发现接近水面的上部往往有胶皮保护，而在水下十几米处则出现不规则的腐蚀穿孔。

泵护管的外壁遭受与立管结构类似的海水飞溅区、潮差区和全浸区腐蚀及生物污损和腐蚀的作用，但同时也接受平台导管架体系牺牲阳极的保护。但由于泵护管内部的泵体与泵护管材质可能存在不匹配，两者由于泵在工作时的振动而接触，容易造成电偶腐蚀、缝隙腐蚀和微振腐蚀。同时，消防泵使用频率不同，也容易影响腐蚀进程。在日常维护过程中，为保证泵吸水效率，需要定期进行生物附着的清理或药剂杀生作业，杀生剂使用不当也会加剧腐蚀，如泵护管内添加次氯酸钠会显著加剧腐蚀失效。有研究表明，对泵护管的腐蚀情况和运行状态调查发现，在未使用次氯酸钠平台的泵护管未发现有腐蚀穿孔，而使用次氯酸钠的平台的泵护管腐蚀严重。同时，腐蚀的位置均发生在护管内泵体所处位置。

3.4.5　隔水套管的腐蚀

隔水套管是从海洋生产平台（或钻井平台）通往海底井口装置的流体输送管道，主要用来隔离外界海水，用于钻井液循环、安装水下防喷器（BOP）、支撑各种控制管线（主要包括节流和压井管线、钻井液补充管线、液压传输管线等），起到钻杆、钻井工具从平台到海底井口装置的导向及支撑作用。隔水套管是海上油气生产的重要设施之一，从平台上部一直连通到海底泥线以下，跨度大，工况环境复杂多变，受钻、采、注等操作影响大，隔水套管腐蚀失效严重威胁着海上油气生产的安全和效率。现役隔水套管的腐蚀较为普遍，部分隔水套管的腐蚀问题较为严重。

现役隔水套管主要采用不带浮箱的普通单层直缝埋弧焊碳钢管，管材以Q235B、X52 和 X56 等碳钢为主，钢管制造单位会对成品钢管外表面进行简单防锈涂装。隔水套管绝大部分都处于海水全浸区，防腐涂装联合导管架牺牲阳极保护基本能够满足全浸区隔水套管外壁防腐需要。隔水套管投运后，不同管内部生产工艺差别较大，其中温度是影响腐蚀的主要因素之一。在海上现场隔水套管的安装过程中，导向孔扶正块会对隔水套管外壁造成一定的磨损。加之隔水套管管串长度大，安装过程中必然存在对中偏心问题，锤入法安装时扶正块对管外壁的磨损会更为突出。此外，隔水套管接头也是相对薄弱的位置，锤入法安装过程中接头受冲击力振动，会形成腐蚀隐患。

由于受到海洋自然环境及油气生产操作影响，隔水套管腐蚀问题较为突出，管壁腐蚀减薄，直接降低其力学性能，可能出现断裂等恶性事故。隔水套管腐蚀穿孔，可能造成管外海水流入环空，或者环空液流入大海等问题。恶劣的服役环境，不仅给隔水套管管壁造成严重的腐蚀损伤，也给维修检测带来极大的难度。隔水套管外壁腐蚀与海洋平台的导管架、海底管道立管部分的外壁腐蚀类似，主要受海洋环境影响。海洋腐蚀环境包括海洋大气腐蚀环境和海水腐蚀环境，钢材在海洋环境中的具体位置不同，其腐蚀机理和腐蚀类型也各不相同。隔水套管从平台上部到海底井口，依次穿越海洋大气区、飞溅区、潮差区、全浸区和海泥区。

海洋大气区是指飞溅区以上的大气区。该区域中主要含有水蒸气、氧气、氮气、二氧化碳等气体，以及悬浮于其中的氯化盐、硫酸盐等。海洋大气腐蚀环境远比内陆大气环境恶劣。在毛细管作用、吸附作用、化学凝结作用的影响下，海洋大气中的水汽附着在平台设备设施表面形成水膜，O_2、CO_2 和一些盐分溶解在水膜中，使之成为导电性很强的电解质溶液。虽然隔水套管表面涂装有防腐涂层，但这些涂层本身带有微孔，尤其是涂装质量薄弱的位置，氯离子及水汽能够渗透到达涂层下方，引起碳钢腐蚀。在隔水套管表面坑洼部位，例如接头缝隙、焊缝、已形成的腐蚀凹坑等部位，容易发生吸湿积水。当晴天日光照射使水分蒸发后，吸湿积水部位表面盐度提高，夜间低温又容易吸收水汽形成潮湿表面，这种干湿循环使得腐蚀速率大大加快。导向孔紧固卡与隔水套管管壁接触位置，以及隔水套管最顶端接口位置，容易形成缝隙及异种金属接触，在潮湿的海洋大气中也都会优先腐蚀。隔水套管缺少有效的固定，表层隔水套管与内部套管在平台上部的连接处存在较大的缝隙，大气中的氧可能通过这些缝隙渗透溶解到环空液中，增加表层隔水套管内壁和内部套管外壁的腐蚀风险。在海浪冲击晃动及由生产引起的振动的共同作用下，隔水套管外壁局部有磨损的痕迹。这些松动的缝隙处，容易积存水和海盐粒子，在局部形成恶劣的腐蚀环境，造成严重的局部腐蚀。

隔水套管的飞溅区、潮差区和全浸区海水腐蚀问题与其他立管类结构类似，飞溅区的腐蚀最为突出。在潮差区和飞溅区，隔水套管腐蚀非常严重，隔水套管外表面涂层极易脱落，裸露的碳钢管表面容易附着棕红色锈层，部分隔水套管表面可能出现一定深度且面积较大的腐蚀坑。在隔水套管紧固卡、焊缝等位置，往往能够发现大面积腐蚀痕迹，处于日晒迎风面的隔水套管，其外表面腐蚀明显比其他位置隔水套管严重。

隔水套管接头位置受其本身结构制约，涂层很难有效覆盖接缝。随着服役时间增加，在海水飞溅及受力振动等因素影响下，该处涂层往往最先被破坏，接头缝隙极易积存海水，优先腐蚀。

3.5　导管架结构

海上固定式生产设施按其结构形式可分为桩基式平台、重力式平台和人工岛及顺应型平台；按其用途可分为井口平台、生产处理平台、储油平台、生活动力平台，以及集钻井、井口、生产处理、生活设施于一体的综合平台。以钢制固定式平台为例，最为常见的海洋平台多为导管架式平台，主要由导管架、桩和甲板模块组成。导管架系钢质桁架结构，由大直径、厚壁的低合金钢管焊接而成，依靠"桩"固定于海底，导管架之上由各种模块或组块组成单层或多层的平台甲板结构。海上石油平台的导管架结构见图3-1。

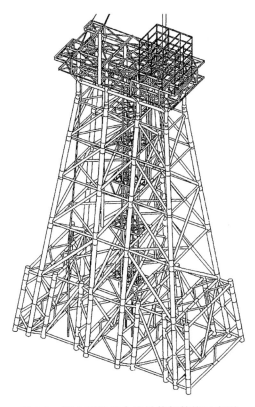

图 3-1　海上石油平台的导管架结构示意图

平台导管架结构主要包括横跨海床、海水全浸区和飞溅区的平台桩腿及导管架结构。导管架结构是支撑海洋油气生产平台的最重要的结构，位于海面以下的部分处于不同水深的海水腐蚀环境，往往依赖阴极保护作为防护措施，位于飞溅区的部分与上述立管类结构面临的环境类似，位于海面以上的部分处于海洋大气腐蚀环境中，依赖涂层或漆膜进行腐蚀防护。

导管架结构遭受的腐蚀主要由海泥、海水、浪花飞溅、海洋大气及生物沾污引起，腐蚀环境极其恶劣，阳光、风雨、盐雾、海浪冲击、环境温度和湿度变化及海洋生物侵蚀等使平台钢结构腐蚀速率加快。在海洋大气区，海洋大气中的含海盐颗粒使腐蚀加快，同时还受到湿度、温度、风雨及紫外线辐射等的影响，其中某些底层甲板部位还受到海水冲击和摩擦，腐蚀相对严重。飞溅区是平台结构腐蚀最严重的区域，该区域的构件和立管经受海洋大气与海水浸渍的交替作用，海浪的冲击，锚链和水面漂浮物体的磨损，以及其他工作辅助设施船舶停靠的碰撞与摩擦。全浸区除了海水腐蚀，还有海生物侵蚀，需要考虑生物沾污的影响。在海泥区，可能存在硫酸盐还原菌等的细菌腐蚀，海底沉积物性质也因地域而异。

导管架结构的主要腐蚀防护措施是涂层联合阴极保护的方式，考虑到水下防腐层的耐久性和维修涂层的难度，以及通过经济上的对比和使用年限的增长，导管阴极保护防止腐蚀破坏措施显得尤为重要。导管架牺牲阳极的阴极保护系统和涂层的联合保护是导管架及其他水下金属结构外防腐的首选措施。但随着平台运行年限的增长，导管架外部涂层基本遭到完全破坏，而牺牲阳极的阴极保护系统成为唯一外腐蚀控制措施。国内外有些平台在达到设计寿命后，对导管架结构做延寿评估后仍在服役，国内部分 20 世纪 90 年代初期建设的海油平台最长服役寿命已经达到或超过 20 年。而超设计年限服役的平台牺牲阳极的阴极保护系统还未做系统的评估，仅每隔 2～3 年通过水下机器人（ROV）水下电位检测来评价阴极保护运行状况，或者在平台上安装阴极保护监测系统（CPMS），实时监测电位的变化。

ROV 水下检测和 CPMS 监测能够初步评价其所监/检测区域的阴极保护有效性，但因各自存在的局限性导致导管架其他区域不能得到很好的评价。如：由于结构的原因，ROV 很难进行导管架中心区域的检测；在浅水区域，受到波浪涌动的影响，ROV 检测也受限。另外，ROV 检测每隔 2～3 年才会进行一次，期间阴极保护的状况及其效果是未知的。CPMS 监测能很好地弥补 ROV 的这一缺点，但是 CPMS 监测点的数量却是有限的。总的来说，ROV 检测和 CPMS 监测数据不能评价整个平台阴极保护的当前状态。导管架阴极保护状态，特别是阴极保护的有效性及牺牲阳极的剩余寿命仍备受关注。

阴极保护电位分布理论上属于电位场问题。随着电位场问题数值计算方法的发展，该方法也被用于解决阴极保护系统中的电位场分布问题，从而获取被保护金属结构物表面的电位和电流密度分布状况。这种阴极保护系统的数值模拟技术已经在国外地下长输管道、海上石油平台、海上船只上得到了很好的应用，并开发了一些专业软件，在海洋阴极保护的设计、评价和优化改造中发挥了重要的作用。计算得到的金属结构物阴极保护的电位和电流密度分布可以很好地用来评价阴极保护效果，优选保护方案，预测牺牲阳极的剩余寿命。

3.6 平台上部设施

平台上部设施腐蚀完整性管理不完善,容易造成腐蚀失效,产生泄漏的风险。平台设施处于海洋大气区域,此区域常年受海风、冬季寒潮和夏季高温高湿环境侵蚀,部分设施表面出现锈蚀。根据平台的腐蚀状况,按照管道表面防护状况可将平台管线腐蚀分为裸钢腐蚀和保温层下腐蚀。对于未涂覆漆膜或漆膜破损的钢铁构件和管件,其主要由于海洋大气腐蚀形成锈蚀。海洋大气环境是个非常复杂的腐蚀环境,由于大气中含有较高的盐分,极易产生大气腐蚀,通常碳钢的大气腐蚀速率取决于湿度、温度、降水量、凝露大气组成、盐含量、水的聚集状态以及大气污染等。保温层下腐蚀则是由于进入保温层下的腐蚀性物质不能及时散去,在保温层和管道之间形成缝隙腐蚀环境而造成腐蚀,多发于保温层易脱落、易破损、损坏的或者保温不良的部位。

3.6.1 井口采油树和管汇的腐蚀

地层中的生产流体通过油管流到地面,经油嘴节流后,原油进入相应的生产管汇或测试管汇。含气较多的油田采油树连有伴生气管线,含气量较少的采油树则连有放空管线。为了满足各油井开井、关井的需要,采油树上还连有压井管线。

井口出油(气)管道和注水管道,受管道的压力、温度、流速等影响,管道存在冲蚀和腐蚀风险。油嘴和油嘴下游流动方向变化的部件,如大半径弯管、管道改变走向设置的流动三通或管道变径,存在高流速导致的冲蚀风险。井口下游的弯头、焊缝、法兰、油嘴、三通失效频率较高。失效因素涉及两方面:①腐蚀,温度、压力、CO_2/H_2S 含量是局部腐蚀的影响因素;②冲蚀,影响冲蚀的主要因素为流速。我国海上油气田的井口流体含水率均相对较高,高含水率导致管道内流体的流态为水包油型,管壁与腐蚀性水介质接触,容易造成材料损失。

生产/测试管汇用于收集来自各井口的生产流体和测量单井产量,当某一口油井需要进行单井计量时,由手动阀门将该井来的流体切换到测试管汇进行计量,其他井来的流体将到生产管汇汇合水下井管汇内为油水混合物。井口和管汇失效位置多集中于法兰、弯头、三通、变径等管道走向发生改变的部位,焊缝是腐蚀失效的薄弱位置。腐蚀失效的原因在于采油伴生气 CO_2 和 H_2S 溶于生产水,腐蚀性生产水介质与管线内壁金属发生电化学反应,造成金属内壁的损失,管道走向发生改变的位置流速高于直管段,冲刷腐蚀成为腐蚀失效的主要因素。

3.6.2 工艺管线的腐蚀

油田生产平台主要生产设施相似,一般包括井口、生产分离器、测试分离器、缓冲罐、水力旋流器、沉箱开排等设施,各类设施之间利用大量工艺管线和管件连接。井口油嘴下游流动方向变化的管线和管件，如大半径弯管、管道改变走向设置的流动三通或管道变径，存在高流速导致的冲蚀风险。井口来油管线进入生产管汇的工艺管线由于复杂的走向和大量的三通、弯头、变径，容易发生冲刷腐蚀和焊缝腐蚀泄漏。与生产分离器的油水相出口位置相关的工艺管线也是腐蚀多发的地点，也以冲刷腐蚀和焊缝腐蚀为主要腐蚀类型。连接这些装置的工艺管线水平管段在油水界面处容易造成腐蚀，弯头、三通及变径部位则由于冲蚀的影响也容易出现腐蚀，焊缝附近由于焊缝与母材的组织差异，可能进一步加剧焊缝的优先腐蚀。

对于操作温度频繁变化引起内壁冷凝的天然气管道，以及操作温度较高且间歇使用的碳钢管道，管道内壁或外壁冷凝部位均容易造成严重腐蚀。管线在涂层剥落的地方发生均匀腐蚀，焊缝位置出现局部腐蚀现象。

生产水系统中由于溶有 CO_2 和 H_2S，工艺管线面临最为严重的腐蚀挑战，弯头或变径等流速较高区域往往产生冲刷而导致的腐蚀泄漏，焊缝由于电偶腐蚀效应，也是腐蚀失效的薄弱环节，补焊成为修复方式中次生风险较高的位置。

工艺管线内部腐蚀因素与温度、压力、pH 值、流速、流体成分、缓蚀剂的使用情况以及管道材质等有关。

（1）微生物腐蚀　微生物腐蚀比较典型的有硫酸盐还原菌腐蚀、硫氧化菌腐蚀、腐生菌腐蚀以及铁细菌腐蚀。

（2）电偶腐蚀　由于腐蚀电位不同，造成同一流体中异种金属接触处的局部腐蚀，即电偶腐蚀，亦称接触腐蚀或双金属腐蚀。

（3）垢下/沉积物腐蚀　垢下腐蚀除细菌腐蚀外，腐蚀的主要原因是：CO_2、Cl^- 等腐蚀性介质在输送的垢共同作用下产生闭塞效应，形成腐蚀微电池，引起局部酸化，导致局部穿孔。CO_2 的存在会加速闭塞电池内环境的恶化，加速穿孔的速度，Cl^- 是闭塞效应形成的催化剂，这种腐蚀在平台旁路管线等容易产生滞流和沉积的部位居多。

（4）冲刷腐蚀　冲刷腐蚀是由大量固态或液态颗粒的碰撞作用导致的金属表面脱落，其特征是产生有方向性的凹槽、圆孔、波纹和凹陷，冲刷腐蚀简称冲蚀。冲蚀通常发生在管道系统方向改变处或者控制阀的下游位置，通常随流体中高速流动的固态或液态颗粒的增加而增加。导致冲蚀的关键因素是液相流速，通常随着流速的增加，冲蚀速率也会增大，同时也会导致流态的转变。当速度较低时，冲蚀主要以电化学因素为主，受扩散控制，腐蚀速率增加不明显；当速度较大时，流体力学因素起重要作用，造成冲蚀速率明显增大。增大流速通常使冲蚀速率增大，但增大流速也有其有益的一面，如增大流速可以减少腐蚀性物质在金属表面的累积，从而避免点蚀和缝隙腐蚀的发生。

流速对于生产水管线的腐蚀也有重要影响。生产水管线在生产运行中，水、腐蚀产物三相共存。流速低时流体携带力差，易造成水、腐蚀产物、污物沉积，导致局部腐蚀或堵塞；流速高则易冲刷腐蚀产物形成的保护膜，导致管道设备的磨损腐蚀。临界流速是表征流体携带腐蚀产物能力大小的一个参数。若流体流速大于临界流速，则流体能携带走附着在基体上的腐蚀产物；反之，流体很难携带走附着的腐蚀产物，使腐蚀产物易于沉积。

含 CO_2 和 H_2S 的高温生产水是内腐蚀介质的主要腐蚀源，全水相管线腐蚀接触面积大，高温成为腐蚀的催化剂。管线流量大、水流方向改变的点，如弯头、三通、变径等位置，流速高导致管体内介质流型和流态发生变化，往往是腐蚀防护最薄弱的位置。因此，水处理系统的腐蚀因素与 CO_2、H_2S、溶解氧、温度、硫酸盐还原菌都有关。

水平的工艺管线腐蚀漏点多位于管道底部。由于管道内部为油、气、水混输，腐蚀性的水介质位于管道底部，腐蚀性较弱的油相和气相位于管道上部，泄漏常是水介质引起的管道内腐蚀所致。多数腐蚀漏点位于直管段与弯头或法兰焊接的焊道位置。焊缝处有时可能发现显著的沿焊缝分布的腐蚀沟槽，并在沟槽底部出现腐蚀穿孔。这种情况表明，焊缝及其附近位置，成为腐蚀的薄弱环节，由于焊缝处材料组织成分差异，导致焊缝-热影响区-母材在 CO_2 腐蚀介质环境中，表现出不同的腐蚀电位，由此在焊缝附近形成电偶腐蚀电池，局部位置成为阳极，被快速腐蚀形成沟槽。一旦腐蚀沟槽形成，由于盐分更容易在沟槽内积聚，沟槽内部流体更新缓慢，进一步加大了沟槽内外的电化学状态差异，在电偶腐蚀电池的基础上叠加了闭塞电池效应，进一步加速沟槽底部局部出现腐蚀穿孔。

3.6.3 容器类结构的腐蚀

生产分离器和测试分离器是典型的容器类结构。

测试分离器并非连续使用，当生产发生变化时，需测试单口井的数据，在选定的油井管线流出的井液，通过生产管汇的测试管线进入测试分离器。在压力恒定的条件下，分离器内流体被分离为油、气、水三相，通常每口井的测试时间为 $2\sim4h$。由于测试分离器底部有砂或有其他固体物质残存，如不及时清洗，一方面将影响原油的质量，另一方面如果存在细菌会诱发垢下腐蚀的发生。测试分离器底部位置处的直管仅在清洗罐底时开启使用，与闭排管线腐蚀泄漏情况相似，常年处于关闭状态，仅在清洗测试分离器罐底时启用。腐蚀泄漏主要因素为长期存在残留生产水和油，导致罐底内壁或闭排管线容易堵塞位置发生电化学腐蚀，甚至细菌腐蚀。与此类腐蚀相似的泄漏还包括测试分离器液位计，液位计的作用是反映与它相连的罐体内部的液位，其与罐体内部的流体连通。液位计内的液体会随着罐体内部液位的变化而上下移动，属于常年流动缓慢的死水管线，也成为高腐蚀风险位置之一。

生产分离器用于分离油水混合物中的污水、伴生气和砂等杂质，达到原油中含水、气的要求。分离出的污水在水出口进入生产水处理系统进一步油水分离，原油在油出口则进入原油外输管线进行外输。生产分离器上部有气相出口，气相升压后进入水下汽提井用于生产。生产分离器水出口、油出口和气相出口分别发生不同的腐蚀。

出水口位置过滤器旁通管线易腐蚀失效，此位置设备使用次数较少，但保持液体存在，基本为水相，常年处于不流动状态，造成管线底部腐蚀穿孔。生产分离器水出口至水力旋流器管线也易腐蚀失效，管径突然发生变化是此处腐蚀的主要原因。经生产分离器分离的原油进入缓冲罐，然后通过原油外输泵进入海底管道输送。此时，油出口也含有少量水分，管内流体为油水混合物，往往流速相对较高，腐蚀和冲蚀易造成此处焊缝腐蚀泄漏。

经生产分离器处理后的原油进入缓冲罐。油罐长时间静置，导致油水分层，极少量的水位于罐体底部，且处于不流动状态，对罐底造成轻微腐蚀。观察外观，缓冲罐外表面下方位置构件存在腐蚀。

3.7　浮式游轮和系泊线缆系统

浮式生产系统是指利用半潜式钻井平台、张力腿平台、自升式平台或油轮放置采油设备、生产和处理设备以及储油设施的生产系统。我国大部分海上油田都采用浮式生产系统，包括以油轮为主体的浮式生产系统、以半潜式钻井船为主体的浮式生产系统、以自升式钻井船为主体的浮式生产系统、以张力腿平台为主体的浮式生产系统。以油轮为主体的浮式生产系统分为浮式生产储油装置（FPSO）和浮式储油装置（FSO）两种。FPSO是把生产分离设备、注水（气）设备、公用设备以及生活设施等安装在一艘具有储油和卸油功能的油轮上。油气通过海底管线输到单点系泊系统后，经油气通道输至油轮上，油轮上的油气处理设施将油、气、水进行分离处理。分离出的合格原油储存在油舱内，计量标定后用穿梭油轮运走。FSO也是具有储油和卸油功能的油轮，但没有生产分离设备以及公用设备，通过海底管道汇集来的合格原油直接储存到油舱中。FPSO上部工艺设施与平台上部设施类似，此处不再赘述FPSO的腐蚀。其船体外部的腐蚀主要为海水腐蚀，采用阴极保护技术加以防护。

系泊线缆系统主要包括用于单点系泊的锚链、缆绳等其他结构，主要面临的是在强张力载荷下的海水腐蚀环境，部分锚链结构由于长期处于海泥中，同时处于磨损腐蚀环境和微生物腐蚀环境。

锚链链环材料中的Cr、Ni等合金元素的含量，明显高于卸扣材料，锚链链环的锈层要更为致密，且其中含有的Cr、Ni元素使其腐蚀产物的热力学状态更为稳定，这是卸扣材料发生明显腐蚀而链环材料腐蚀轻微的原因之一。锚链本体段和焊缝段整体腐蚀轻微，在可接受范围内，而卸扣段则出现了较为严重的腐蚀，且伴有明显的局部腐蚀现象发生，局部蚀坑深度达到 1.5mm，存在较大的腐蚀失效风险。废弃锚链直接连接的锚链挂扣电化学测试表明，挂扣材料的开路电位相比链环材料的电位负移约 175mV，与电位较负的锚链焊缝区电位相比也有约 125mV的负移。因此，废弃锚链卸扣和废弃锚链连接后，发生电偶腐蚀的倾向极高。现场结果也显示，废弃锚链挂扣发生了非常严重的腐蚀，说明不同材质处于同一腐蚀介质中，由于电位差造成的电偶腐蚀是废弃锚链挂扣发生严重腐蚀的主要原因。

第4章 海上油气田面临的主要腐蚀类型与防护手段

4.1 海洋大气腐蚀及涂料防护

4.1.1 海洋大气腐蚀

海上油气生产过程与腐蚀问题始终相伴。与其他环境的腐蚀相比，海洋大气环境腐蚀尤为严重。海洋大气环境对于海洋油气生产的各种结构物来说，都是一种十分严酷的腐蚀环境[1]。根据 ISO 12944-2—2017 典型腐蚀环境分类（表 4-1），典型腐蚀环境分为 5 级，海洋属于腐蚀性最高的环境。因此，在海洋油气生产过程中，必须对海上结构物采取切实可行的防腐措施。

表 4-1 ISO 12944-2—2017 大气环境腐蚀性分类和典型环境案例[2]

腐蚀级别	单位面积上质量和厚度损失(经第一年暴露后)				温性气候下的典型环境案例	
	低碳钢		锌		外部	内部
	质量损失 /(g/m²)	厚度损失 /μm	质量损失 /(g/m²)	厚度损失 /μm		
C1 很低	≤ 10	≤ 1.3	≤ 0.7	≤ 0.1	—	加热的建筑物内部，空气洁净，如办公室、商店、学校和宾馆等
C2 低	> 100 ~ 200	> 1.3 ~ 25	> 0.7 ~ 5	> 0.1 ~ 0.7	低污染水平的大气，大部分是乡村地带	冷凝有可能发生的未加热的建筑(如库房、体育馆等)
C3 中	> 200 ~ 300	> 25 ~ 50	> 5 ~ 15	> 0.7 ~ 2.1	城市和工业大气，中等的二氧化硫污染及低盐度沿海区域	高湿度和有些空气污染的生产厂房内，如食品加工厂、洗衣厂、酒厂、乳制品工厂等

腐蚀级别	单位面积上质量和厚度损失(经第一年暴露后)				温性气候下的典型环境案例	
	低碳钢		锌		外部	内部
	质量损失 /(g/m²)	厚度损失 /μm	质量损失 /(g/m²)	厚度损失 /μm		
C4 高	>400~650	>50~80	>15~30	>2.1~4.2	中等含盐度的工业区和沿海区域	化工厂、游泳池、沿海船舶和造船厂等
C5 很高	>650~1500	>80~200	>30~60	>4.2~8.4	高湿度、恶劣大气的工业区域和高含盐度的沿海区域	冷凝、高污染持续发生及存在的建筑和区域
CX 极端	>1500~5500	>200~700	>60~180	>8.4~25	具有高含盐度的海上区域，以及具有极高湿度和侵蚀性大气的热带亚热带工业区域	具有极高湿度和侵蚀性大气的工业区域

腐蚀是一种悄悄进行的破坏，不易被重视。但是，腐蚀每时每刻都在进行，其带来的损失也是极其巨大的。在海洋大气腐蚀环境中，大气腐蚀随处可见，图4-1为渤海某平台甲板大气腐蚀照片。

图 4-1　某平台甲板大气腐蚀

4.1.2　涂料防护

4.1.2.1　涂料设计要求

海洋油气生产装置防腐涂料体系设计的目的是要确保其具有所要求的功能，具有充足的稳定性、强度、耐久性、可接受的造价和具有美感的视觉外观（且符合海油规定的颜色）。涂料结构的整体设计应考虑到易于进行表面处理、油漆涂装、涂层检测和破损维修。涂层结构的形状能影响其防腐性。因此，结构设计应避免形成容易造成腐蚀蔓延的"据点"，最好能提前选择好涂料体系，考虑结构的服务类型、服役期限和维护要求。油气生产设施结构的形状、连接方式、建造过程以及任何后处理方式都不应促进腐蚀。

结构设计应尽量简单，避免过于复杂。某些不可能再进入的部位，应能够在整个服役期内提供有效的涂料体系。

涂层设计时也应考虑一些特殊部位的涂装方法，例如：缝隙处理，防止沉积和水滞留的措施，边缘、焊缝及焊接表面缺陷，箱体结构、空心部件、加强筋、电偶腐蚀的预防，以及加工、运输和安装等问题。

4.1.2.2　表面处理要求

涂料涂装前的表面处理是涂料能否有效长期防护的决定性因素，因此表面处理的质量至关重要。不同厂家的涂料体系对表面处理存在一定的差异，下面以海上油田常用的涂料为例，介绍表面处理要求。

① 钢结构表面的油、灰尘、盐、污染物等在涂装前应用溶剂、蒸汽、碱、乳化液清理，确保清洁度。

② 表面的较松的锈、氧化皮和涂层用手工铲削、刮，用钢丝刷或者用动力工具等去除至 St2.5 级。

③ 有天然气的区域禁止使用喷砂和机械打磨。

④ 涂装维护构件、设备表面预处理要达到 St2.5 级。

⑤ 表面预处理前的锈蚀程度及喷砂清理的清理程度见图 4-2。

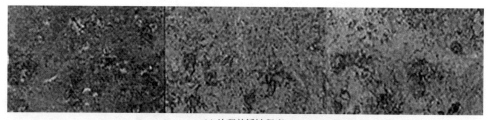

(a) 处理前锈蚀程度

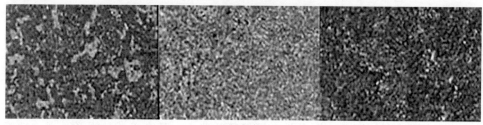

(b) 轻度喷砂

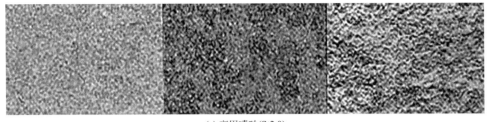

(c) 商用喷砂(St2.0)

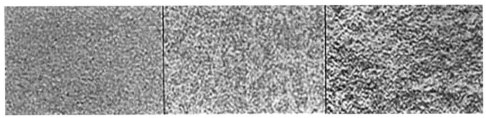

(d) 近白喷砂(St2.5)

(e) 白金属喷砂(St3.0)

图 4-2　表面预处理前的锈蚀程度及喷砂清理的清理程度

4.1.2.3　典型涂料体系

对于海上油气生产设施，其甲板平台和生活区部位由于维修方便可以使用相对比较廉价而涂膜使用寿命不是很长的涂层组合，在飞溅区和水下部位，由于防腐要求苛刻且维修困难，就要使用涂膜使用年限较长的重防腐涂层组合，而对于浪花飞溅区或者导管架浸入水中的部位，则往往采用永久或半永久的涂层组合[3]。典型海洋大气碳钢防腐用涂层体系见表 4-2。

4.1.2.4　施工工艺及技术要求

海上油气生产设施涂装施工通常采用喷涂或刷涂，具体的技术要求包括：

① 涂装前，必须达到规定的除锈等级标准后，才允许涂装。

② 轻度腐蚀大气区环境，准备涂刷常规涂料时，其表面除锈等级为 Sa2 级。

③ 受海水侵蚀、高温氧化且以无机富锌涂料为底漆时，表面除锈等级为 Sa2.5 级。

④ 喷射或抛射除锈后待涂物表面，经清理后应立即涂上第一层底漆，间隔时间不得超过 4h。如表面又出现锈蚀，应重新处理，达到规定标准后才允许涂装。

表 4-2　典型的海洋大气区碳钢防腐用涂层体系

应用类别	涂层	涂层体系	膜厚范围 /μm(mil)	目标干膜厚 /μm(mil)
CM-1 水冷凝管道	1	水下固化环氧[①]	375～750（15～30）	500（20）
CM-2 大气区 −50～120℃（−58～248℉） 保温或者不保温	1	环氧底漆	125～175（5～7）	125（5）
	2	环氧	125～175（5～7）	125（5）
	3	聚氨酯	50～75（2～3）	75（3）
	1	有机富锌底漆	50～75（2～3）	75（3）
	2	环氧	125～175（5～7）	125（5）
	3	聚氨酯	50～75（2～3）	75（3）
	1	潮固化聚氨酯底漆	75～125（3～5）[②]	75（3）
	2	潮固化聚氨酯	75～125（3～5）[②]	125（5）
	3	潮固化聚氨酯	75～125（3～5）[②]	75（3）
CM-3 大气区 120～150℃（248～302℉） 保温或者不保温	1	环氧酚醛	100～125（4～5）	125（5）
	2	环氧酚醛	100～125（4～5）	125（5）
	1	有机硅厚膜型涂料	100～200（4～8）	150（6）
	2	有机硅厚膜型涂料	100～200（4～8）	150（6）
CM-4 大气区 150～450℃（302～842℉） 保温或者不保温	1	有机硅	25～50（1～2）	25（1）
	2	有机硅	25～50（1～2）	25（1）
	1	有机硅基厚膜型涂料	100～200（4～8）	150（6）
	2	有机硅基厚膜型涂料	100～200（4～8）	150（6）
CM-5 甲板、地板和直升机甲板	1	环氧底漆	125～175（5～7）	125（5）
	2	高固体分环氧	125～175（5～7）	125（5）
	3	防滑环氧	125～175（5～7）	125（5）
	4	聚氨酯	50～75（2～3）	75（3）
	1	防滑厚膜型环氧	卖方的技术规范	卖方的技术规范
CM-6 甲板、地板和直升机甲板 （热带海洋气候）	1	环氧底漆	200～250（8～10）	250（10）
	2	防滑环氧	200～250（8～10）	250（10）
	3	聚氨酯安全标记	50～75（2～3）	75（3）
	1	防滑厚膜型环氧	卖方的技术规范	卖方的技术规范
	2	水下固化环氧底漆+ 两层半搭接的玻璃 纤维布外包层	卖方的技术规范	卖方的技术规范

① 平均表面粗糙度应不低于 75μm（3mil）。

② 卖方在其产品中推荐的 DFT（干膜厚）。

⑤ 涂有保养底漆涂件或材料因焊接、矫正、擦伤、暴晒等原因，造成重新锈蚀的表面，必须进行二次除锈，除锈后等级应达到 St3 级。

⑥ 如果有涂装要求，也需要对涂层表面粗糙度和含盐量进行检测。现场涂装时，需要严格监控现场涂装温度，并定期检测干湿度，监控天气变化情况。

⑦ 涂装工作应在允许气候条件下进行施工。当出现下列情况时不得进行涂装：

    a. 涂装时，环境温度为 5℃ 以下或 35℃ 以上；

    b. 涂装时，出现下雨、刮大风；

    c. 表面温度低于露点温度以上 3℃；

    d. 周围环境相对湿度在 85% 以上。

4.2 海水飞溅区腐蚀及其防护

4.2.1 海水浪花飞溅区腐蚀

通常来说，从腐蚀的角度考虑，可将海洋环境分为五个不同区域，包括：海洋大气区、浪花飞溅区、海洋潮差区、海水全浸区和海底泥土区[4]。碳钢在海洋环境中的腐蚀倾向见图 4-3[5]。

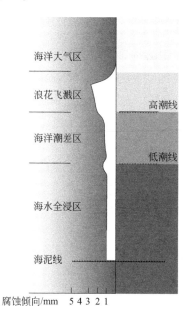

图 4-3　碳钢在海洋环境中的腐蚀倾向

在浪花飞溅区，由于处于干、湿交替区，氧气供应充分，所产生的腐蚀产物没有保护作用。由于海水的飞溅，其飞沫可以直接打到金属表面，使其腐蚀很严重；在海洋潮差区（平均高潮线和低潮线之间），由于氧浓差电池的保护作用，腐蚀最小；在海水全浸区，腐蚀受到氧扩散的控制，其中浅海区腐蚀较严重，随深度增加有所减轻；在接近海底泥土区，由于海洋生物的氧浓差电池和硫化物的影响，也存在局部腐蚀速率增加的现象。注意：当位于深海或低温海区时，腐蚀速率将另当别论[5]。不同海洋环境区域腐蚀特点见表4-3。

表 4-3　不同海洋环境区域腐蚀特点

海洋区域	环境条件	腐蚀特点
海洋大气区	风带来小海盐颗粒，影响因素有高度、风速、雨量、温度和辐射等	海盐粒子使腐蚀加快，但随与海岸距离不同而不同
浪花飞溅区	潮湿、充分充气的表面、无海洋生物污染	海水飞溅、干湿交替、腐蚀剧烈
海洋潮差区	周期浸湿，供氧充足	因氧浓差电池形成阴极而受到保护，阴极区往往形成石灰质
海水全浸区	海水通常为饱和状态，影响因素有含氧量、流速、水温、海生物、细菌等	腐蚀随温度和海水深度变化，生物因素影响较大
海底泥土区	常有细菌(如 SRB 等)	泥浆通常有腐蚀性，引起微生物腐蚀

4.2.2　腐蚀防护技术

目前，国内外针对海洋钢结构物的浪花飞溅区采取的防腐措施主要包括如下几类：①加厚钢板，采用增加"腐蚀裕量"的方法；②采用耐海水钢，从根本上提高钢材本身的耐腐蚀性能；③采用电化学方法进行防护，电化学方法是对海洋油气生产钢结构海水全浸区防腐行之有效的成熟方法，人们也希望这种方法能够沿用到浪花飞溅区；④混凝土包覆技术是较早采用的浪花飞溅区防腐方法；⑤涂料防腐蚀是目前应用最广泛的腐蚀防护方法，随着涂料技术的不断进步，逐渐研发出能够适用于浪花飞溅区的新型涂料产品；⑥采用覆盖层技术，例如海底管道立管主要采用氯丁橡胶防腐；⑦复层包覆技术，例如 PTC 技术主要用于钢管桩或导管架。

4.2.2.1　氯丁橡胶技术

氯丁橡胶由氯代丁二烯乳液聚合制得。由于其分子结构规整，分子链上又有极性大的氯原子，通过改性，使得氯丁橡胶在海洋环境中具有较高的内聚强度和耐燃性，同时耐老化性能很好。目前氯丁橡胶防腐是海上油气田海底管道立管浪花飞溅区的主要防腐技术，海上油气田主要使用硫化黏合工艺。氯丁橡胶的技术指标如表4-4所示。

表 4-4 氯丁橡胶主要性能指标

涂层厚度/mm	邵氏硬度/A	密度/(g/cm³)	流变曲线
≥13.0	60~70	1.330±0.033	—
抗拉强度/MPa	断裂伸长率/%	撕裂强度/(N/mm)	压缩形变/%
≥15.5	≥550	≥25	≤20
阿克隆耐磨性能	低温限度	抗臭氧性能	耐海水性能
≤0.3g/1000r	−15℃，无开裂	40℃、0.5mg/L、70h，无龟裂	体积变化率≤5%，拉伸强度无衰减

室内施工图片如图 4-4 所示。

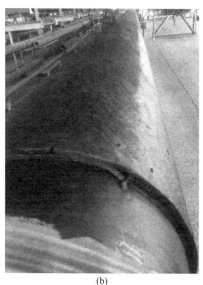

(a)   (b)

图 4-4 氯丁橡胶施工图

（1）陆地室内涂装工艺 氯丁橡胶施工工艺主要包括钢管表面处理、刷胶浆、橡胶配制、热炼后压延出片、胶片贴合成型硫化等工艺。施工条件包括：①表面处理清洁后的钢管，4h 内钢管表面需要涂覆胶浆，若未在 4h 内涂覆，必须再次清洁合格后方可涂覆；②涂覆工作场所湿度不大于 85%，钢管温度高于露点 3℃。

海底管道立管氯丁橡胶涂装工艺流程如图 4-5 所示。

（2）海上连接补口工艺 在陆地施工完成后，海上连接还需要进行补口作业，海上补口工艺流程和现场施工图如图 4-6 和图 4-7 所示。

（3）海上氯丁橡胶损伤修补工艺

① 立管表面处理 立管破损表层橡胶去除后打磨、清洁。

② 立管表面加热 用酒精喷灯或加热带加热。

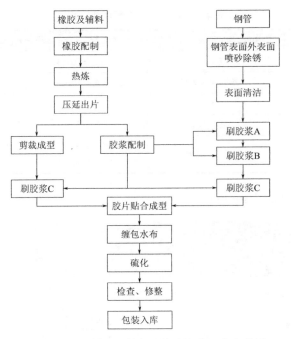

图 4-5 海底管道立管氯丁橡胶涂装工艺流程图

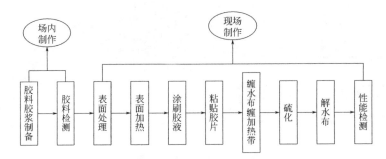

图 4-6 海底管道立管海上补口工艺流程图

图 4-7 海底管道立管海上补口现场施工图

③ 涂刷胶液　立管表面及氯丁橡胶片结合部位涂刷胶液，停放一段时间，以洁净手背感觉不黏时为准。

④ 粘贴胶片　按立管破损形状裁剪胶片，将胶片一次紧密贴合于立管破损部位，用手辊擀平结合部位。

⑤ 缠水布　紧密缠卷完全湿润的尼龙布带。

⑥ 缠加热带。

⑦ 硫化 140℃×300min（便携式硫化箱）。

⑧ 解水布。

⑨ 检测　修补用橡胶涂层与涂层材料相同，其他性能批次检验（硬度、拉伸强度、撕裂强度、黏合强度及涂层测漏性能）均需符合规定的涂覆性能指标。

⑩ 安全事项　胶黏剂黏着迅速，防止操作中皮肤、衣物黏着或溅入眼内，使用时注意通风。

（4）检测方法

① 视觉检查　涂层应无胶浆、无氯丁橡胶和/或无杂质。氯丁橡胶涂层接头和终端不允许出现气泡、分层、不连续或多孔现象。任何可见的检查出来的缺点，均清晰地用防水带色彩粉笔标记出，或用明显的颜料标出。

② 声音检查　涂层声音应通过敲击涂层材料进行检查。检查时用 1kg 重的锤子，间隔 90°沿圆圈检查。涂层应显示一致的阻力和色调。任何明显的音质不一致，应用防水带色彩粉笔或明显的颜料标出。

③ 电火花测漏检验　使用电火花测漏仪检验整个涂层的孔洞、龟裂、薄点或含杂质等瑕疵。对所有涂覆的立管管材进行 100%检查，电火花测漏仪电压应设为 25kV。如果被电火花测漏仪检测到瑕疵，应按照修补程序进行修补。电火花测漏检验针对陆地节点修复要求，不适用于海上节点。

④ 厚度测量　用磁力或电子涂层测厚仪测量涂层的厚度，沿涂层长度 4 个平均间隔的点进行，每处进行 4 次测量（沿圆周间隔 90°）。整体涂层厚度不得小于 13.0mm。

⑤ 硬度试验　硬度试验在每个测量厚度尺寸的地方进行。试验须与邵尔 A 硬度试验进行比较或校正，试验需要满足技术指标要求。

4.2.2.2　复层包覆技术

目前，复层矿脂包覆技术（PTC）已经在浪花飞溅区和潮差区开始使用，其主要包括：矿脂防蚀膏、矿脂防蚀带、密封衬里缓冲层和防蚀保护罩等。图 4-8 是导管架复层矿脂包覆技术示意图。

该技术施工工艺包括：搭建脚手架、表面处理、涂抹防蚀膏、缠绕防蚀带、安装保护罩等，具体各步骤施工流程如图 4-9 所示。该技术检查方法为目视检查。

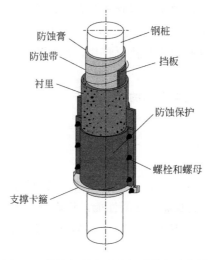

图 4-8　导管架复合矿脂包覆技术示意图

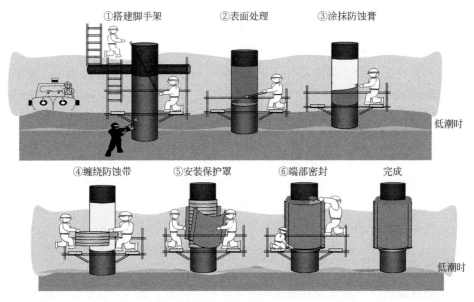

图 4-9　复层矿脂包覆技术（PTC）施工流程图

4.3　海水腐蚀及生物防污

4.3.1　海水腐蚀性

　　海水是一种强电解质溶液，海洋环境又是一种特定的极为复杂的腐蚀环境。海洋环境中的物理因素，包括温度、阳光照射强度、海浪冲击、海水流速、泥沙冲蚀等都可以对腐蚀产生影响；化学因素，包括盐度、溶解氧、pH 值、海洋污染物质等都可以对腐蚀，特别是局部腐蚀造成重要影响。另外，材料因素（如合金加工缺陷）及钢铁设施所处的海洋腐蚀区带位置等因素，都对腐蚀发生过程具有重要影响。目前，海洋油气工艺生产系统针对海水防腐主要采用 Cu-Ni 合金、双向不锈钢和钛材等金属材料，以及 FRP 玻璃钢等非金属材料。

4.3.2　海洋生物污损影响

海洋生物污损对海洋油气生产设施的危害也非常严重。海洋生物也称海洋污损生物（marine fouling organism），是生长在船底和海中一切设施表面的动物、植物和微生物的统称。这些生物一般是有害的，其危害主要表现为：增加船舶航行阻力，降低航速，增大燃料消耗；堵塞用海水管道；改变金属腐蚀过程，导致局部腐蚀或穿孔（例如 Cu-Ni 合金），妨碍海洋油气生产设施的正常工作（例如导管架附着的海洋生物会增加负荷等）。

海洋生物防污技术有很多种，主要包括：

① 涂刷防污涂料；
② 向海水中大量添加毒料；
③ 电解海水法（生成次氯酸盐）；
④ 人工机械清除法；
⑤ 海洋动力防污装置（MGP）法；
⑥ 电解 Cu-Al 法等。

海洋油气生产设施常用海洋动力防污装置（MGP）法或人工机械清除法清除结构物外部海洋生物，使用电解海水法和电解 Cu-Al 法确保管道和设备内部海洋生物得到有效抑制，以下部分将详细介绍。

4.3.3　海洋生物防污技术

4.3.3.1　海洋动力防污装置

海洋动力防污装置（MGP）是由具有高弹性、高耐久性、优越的抗紫外线性能和良好的抗疲劳性能的工程塑料做成的。根据其工作动力来源和作用区域分为 MGP Ⅰ 型和 MGP Ⅱ 型。MGP Ⅰ 型又分为多环形和单环形，组成材料主要包括合成橡胶、高密度聚乙烯、耐蚀合金等[6]。海洋平台应用的 MGP 如图 4-10 所示。

MGP Ⅰ 型由涌浪、潮汐提供工作动力，应用在飞溅区由海面到水下第一个上部障碍物的结构段，如海底管道立管、隔水套管、开排沉箱、泵套管、导管架主腿柱、斜向杆件等。MGP Ⅱ 型由海流提供工作动力，应用在除 MGP Ⅰ 型应用区域之外的其他区域的构件上，如不只有牺牲阳极的多障碍构件上等，同时也可用于浪花飞溅区。

图 4-10　海洋平台使用 MGP 现场图

该装置的主体环抱于导管架构件的周围，即海洋生物易于附着、生长的部位。利用海水的浮力，海流等的自然力为动力，使装置在导管架构件的外围做垂向、横向、旋转运动。通过这一复合运动，使设置在装置上的撞击轮不断地撞击、接触导管架构件表面，从而使海洋生物无法附着，这种方法还可以逐渐清除已附着的海洋生物。该装置的最大优点是：以海水的自然力为动力，不需要人为地施加外力，简单、有效、无污染、成本低。其不足之处是在长期使用中，如遇到大风、台风天气，在波浪、海流的共同作用下，该装置与导管架将发生剧烈碰撞，如果出现破损，维修、更换备件较为困难[7]。

4.3.3.2　电解海水法

电解海水法防污是通过特制的电极电解海水，产生氯和次氯酸根（强氧化剂），对海洋生物具有毒性，可杀死海洋生物，达到防止海洋生物附着生长的目的。在电解海水时，主要有下列反应：

阳极反应：
$$2Cl^- \longrightarrow Cl_2 + 2e^-$$
$$4OH^- \longrightarrow O_2 + 2H_2O + 4e^-$$

阴极反应：
$$2H_2O + 2e^- \longrightarrow 2OH^- + H_2$$

阴阳两极产物混合而生成次氯酸钠：
$$Cl_2 + 2NaOH \longrightarrow NaClO + NaCl + H_2O$$

电解海水法防污装置由取水、电解槽、过滤器、不溶性电极、控制器、流量计等组成，系统原理见图 4-11。

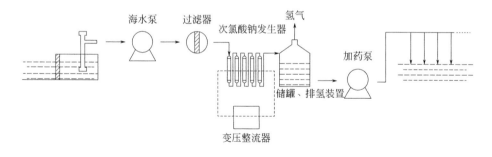

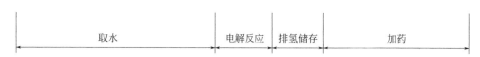

图 4-11　海洋平台使用的电解海水制氯装置原理图

该技术主要是应用于海水管道及海水冷却系统，优点是：①安全可靠。海水的电解是在密闭的管道中进行的，对操作人员的健康无影响。②日常管理方便。操作简单，设计合理，可以不要值班人员，采用定期巡视的方式，冬季停用时对装置进行一次维修。③经济性。所用原料是取之不尽的海水，一次投资长期有效，日常生产只需消耗一些电力资源，3～5 年内定期更换一次极板；可根据季节变化和海生物附着情况，经济合理地使用设备，不会造成浪费。④防污范围广。和加氯法相同，可以做到整个海水系统全面防污。⑤对环境无污染。装置排出海水中有效氯的浓度是很低的，不会造成对环境和鱼类的危害。该技术的缺点是：①一次性投资大；②具有腐蚀性；③消耗一定的电力资源；④与防污漆相比，仍需配备一定的管理人员，设备需要定期维修；⑤电解过程中产生氢气，可能导致安全问题。

4.3.3.3　电解 Cu-Al 法

电解 Cu-Al 防污装置的原理是：将 Cu、Al 合金作为阳极，被保护的设备系统作为阴极。电解铜阳极得到的 Cu^{2+} 具有毒性，与海水混合后，形成有毒的环境。电解铝阳极产生 Al^{3+}，与阴极产生的 OH^- 形成 $Al(OH)_3$，包封着释放出来的 Cu^{2+}，随海水流动从被保护系统中通过。$Al(OH)_3$ 具有很高的吸附性，会散布开来而进入海洋生物可能栖息的海水流动缓慢的区域，抑制了海洋生物的生长。Cu-Al 阳极系统在海水中电解时，作为阴极的钢质管道内表面生成致密的钙镁覆盖层，而且电解生成的氢氧化铝会随海水流动，在管道内壁形成一层保护膜。氢氧化铝胶体阻滞氧的扩散，增加浓差极化，减缓腐蚀速率，这样可以达到防污、防蚀的目的。

电解 Cu-Al 防污装置由控制箱、电解槽或阀箱、连接电缆及防腐防污电极组成，其电极根据需要选择 Cu、Al 防污或铁材料。南海某油田使用的电解 Cu-Al 防污装置如图 4-12 所示。

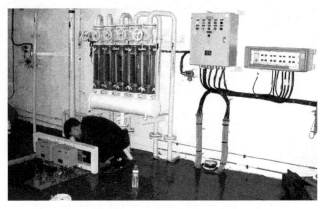

图 4-12　海洋平台使用的电解 Cu-Al 防污装置图

电解 Cu-Al 防污装置的最大缺点是用于渤海等海水中（含泥沙较高的区域）效果会很差，而用在南海海域效果较好。

另外，除了电解海水和电解 Cu-Al 防污装置，有时也使用电解氯-铜联用防污装置。海水中电解氯-铜联用防污、防蚀是将不溶性阳极和特殊的铜、铝合金作为阳极，被保护的设备系统作为阴极。电解铜铝阳极生成铜离子和氢氧化铝絮状沉淀。其作用原理与电解铜铝阳极防污相同。与此同时，利用不溶性阳极电解海水制氯，有效氯和铜离子都是有毒物质，能杀死或抑制海洋生物。其防污效果要比单独使用的效果好很多。电解氯-铜联用防污装置由电解槽、不溶性电极、铜铝电极、控制器等组成。该装置可应用于石油平台的海水处理系统、消防系统、海水冷却系统及电缆防护管线等。

4.4　深水环境下的腐蚀与氢致应力开裂

4.4.1　深水环境下的腐蚀

按照《中国大百科全书》定义，深水指 200m 以下的海洋环境，深水环境的光照、温度、压力、溶解氧、pH 值、含盐量、海水流速等因素与表层海水环境不同，因而具有其独特的环境特征。深水环境下的生产设施不仅受到海水温度、压力、氯离子等的影响，而且油、气、水多相介质的输送，特别是多相介质中含有 H_2S/CO_2 时，会进一步加剧管道的氢脆、孔蚀等。复杂的深水环境更加凸显了水下设施选材及腐蚀控制的重要性。目前，对深水生产系统进行腐蚀控制常用的方法为结构材料选择耐蚀合金、采取阴极保护或加注缓蚀剂。此外，还可对影响深水生产设施的关键腐蚀因素进行控制。关键腐蚀因素包括[8]：

① CO_2/H_2S 因素；

② 阳光；

③ 温度和压力；

④ 含氧量；

⑤ 洋流的速度；

⑥ 海洋生物污损。

材料深水腐蚀试验的特点是困难、复杂、危险和昂贵。开展材料深水试验需要建设一个试验装置。腐蚀试样集中固定在一个巨大的试样框架上，放置在海床上，投放和回收作业船使用缆绳将框架吊放和拉回到海面。美国在太平洋海域试验的潜式装置见图 4-13。

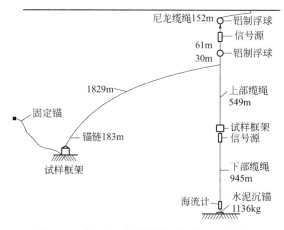

图 4-13　美国太平洋材料深水潜式试验装置

根据材料深水试验数据并结合室内模拟试验结果，可以针对深水腐蚀环境进行选材。关于深水环境下的选材，可参考表 4-5。

表 4-5　深水环境耐蚀选材推荐[9]

序号	部位	选材	备注
1	采油树主体和连接部件	① 低合金钢，AISI4130 和 8630，内部覆盖着 625 合金； ② ASTMA182F22(2¼% Cr，1%Mo 钢，内部覆盖着 625 合金)； ③ AISI410(13% Cr 不锈钢)； ④ ASTMA182F6NM(13% Cr4%Ni 不锈钢)； ⑤ 双相不锈钢	焊接部位覆盖耐蚀的 625 合金的低合金钢，低合金钢推荐采用为 ASTMA182F22，耐蚀合金推荐采用 A182F6NM

序号	部位	选材	备注
2	井口罩和密封部件	① 主体部分较薄，可以采用 AISI4130 或 8630 来制造； ② 在润湿和密封部位，可以在表面覆盖 625 合金	
3	套管挂	采用 AISI4130、4140 或 8630 来制造	在正常的操作环境下，不能接触生产的流体
4	油管挂	① 覆盖 625 合金的 AISI4130、8630，或者 ASTMA182F22； ② ASTMA182 F6NM； ③ 22% 或 25% Cr 双相不锈钢； ④ 718 合金	油管挂应采用高强度的 CRA 材料来制造
5	阀门和阻气阀	① 覆盖 625 合金的 AISI4130、8630，或者 ASTMA182F22； ② ASTMA182F6NM	
6	垫片	① 316 不锈钢； ② 退火态的 825、625 合金，或 6%Mo 不锈钢	对于未经处理的海水则需要对材料的耐开裂能力和接触腐蚀进行考虑
7	汇管	① 如果管道的服役时间小于 10 年，可以选用具有一定耐蚀能力的碳钢； ② 选择耐蚀合金时，主要考虑双相和超级双相不锈钢，管道内部覆盖一层 625 合金； ③ 其他参考 ISO 13625—15	由于水下汇管存在大量的分支、阀门、死角，普通碳钢加缓蚀剂可能达不到目的，并且无法对其腐蚀情况进行监测，可以选用具有一定强度和断裂韧性的耐蚀合金。ERW/HFI 管道一般不推荐作为集合管的选材
8	阀门	不同部位阀门参考标准：APISpecs6A、17D、14A 和 RP14B；ISO 10423、ISO 13628—4、ISO 13628—6、ISO 13628—8 和 ISO 14723，以及 ISO 15156/NACEMR0175	阀门选材应考虑温度和压力范围、在阀门主体和局部位置流体的腐蚀性和侵蚀破坏、固体潜在的冲击磨蚀作用，比如在材质较脆的阀门处的压裂支撑剂的作用、不同材料间的电偶腐蚀影响、在法兰和密封面处的缝隙腐蚀、移动部件的耐划伤性能、材料的阴极保护的影响、材料有效涂层的影响、材料的经济性问题等
9	其他	水下生产设备还有大量其他的部件，包括流线管道、法兰、垫片、密封材料等，其选材是在对使用环境了解的情况下，根据大量现行的标准进行选材，结合缓蚀剂和阴极保护的效果，控制好腐蚀裕量，考虑经济性，从而组合成一套适合服役环境的水下生产系统	

4.4.2 深水环境下的氢致应力开裂

在深水环境中，通常采用阴极保护和涂层来抑制钢材的腐蚀。然而，阴极保护电位过负会造成钢材"过保护"，导致阴极过量析氢，提高钢材的氢致开裂敏感性。此外，钢材的强度越高，其氢脆敏感性也越高[10]。

模拟深水环境中，阴极极化电位在 $-0.76V$ 时，船用高强钢保护度达到 90% 以上，即最正阴极保护电位为 $-0.76V$。

在 $-0.71 \sim -0.90V$ 电位区间内，高强钢主要为韧性断裂；当极化电位低于 $-0.95V$ 后，断口开始呈现典型脆性断裂，高强钢进入氢脆的危险区。根据氢脆系数拟合曲线以及氢脆系数在 25% 进入危险区的判定，在极化电位不超过 $-0.94V$ 时，船用高强钢在海水中的氢脆系数不超过 25%，不具有解理、沿晶等脆性断裂特征，即 $-0.94V$ 为高强钢的最负阴极保护电位。因此，船用高强钢的阴极保护电位区间为 $-0.76 \sim -0.94V$。

另外，在海洋环境中存在缺陷的耐蚀合金氢致应力开裂也是一个需要高度关注的问题，该类问题很难开展现场试验，因此通常采用理论模型结合有限元分析的方法进行。例如利用 Comsol Multiphysics 软件，采用数值模拟方法对考虑应力腐蚀的应力分布进行模拟[11]。

4.5 油气介质的 CO_2-H_2S 腐蚀及其防护

4.5.1 CO_2-H_2S 腐蚀概述

海上油气生产设施中 CO_2-H_2S 是常见的内腐蚀因素，受到许多因素的相互影响，如图 4-14 所示。诸多影响因素基本分为两大类：①环境因素，包括温度、压力、pH 值、流速、介质组成、腐蚀产物膜、载荷、时间等；②材料因素，包括材料中合金元素含量、热处理、金相组织等。

4.5.2 CO_2-H_2S 腐蚀影响因素

4.5.2.1 H_2S 的含量对腐蚀的影响

H_2S、CO_2 是油气工业中主要的腐蚀性气体。二者共存的腐蚀机理很复杂，主要原因是形成 Fe_yS_x 膜不确定，可能慢于单纯 CO_2 腐蚀的情况，也可能加速 CO_2 腐蚀，引起局部腐蚀，严重时能和 CO_2 共同引起应力腐蚀开裂（SCC）。参考文献介绍[12]，不同浓度的 H_2S 对 CO_2 的影响如表 4-6 所示，其中 H_2S 对 CO_2 腐蚀的影响可以分为三类：①环境温度较低（60℃左右），H_2S 浓度低于 3.3mg/kg，H_2S 通过加速腐蚀的阴极反应而加速腐蚀的进行。②温度在 100℃左右，H_2S

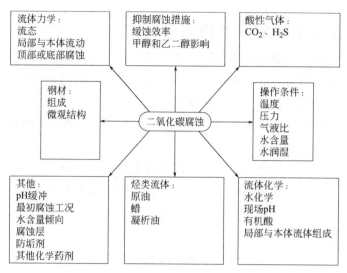

图 4-14　CO_2-H_2S 腐蚀影响因素图

表 4-6　不同浓度的 H_2S 对 CO_2 腐蚀的影响

H_2S 浓度 /(mg/kg)	类型①	类型②	类型③
< 3.3			
< 33			
< 330			

浓度超过 33mg/kg 时，局部腐蚀降低，但是均匀腐蚀速率增加。③当温度在 150℃附近时，发生第三类腐蚀，金属表面会形成 $FeCO_3$ 或 FeS 保护膜，从而抑

制腐蚀的进行。

4.5.2.2 介质中 O_2 的含量

O_2 是铁腐蚀反应中的主要阳极去极化剂之一。此外，O_2 在二氧化碳腐蚀的催化机制中起到了重大作用：当钢铁表面未生成保护膜时，O_2 含量的增加，使得碳钢腐蚀速率增加；如果在钢铁表面生成保护膜，则 O_2 的存在几乎不会影响碳钢的腐蚀速率，因为此时 CO_2 的存在也将会大大提高钢铁的腐蚀速率，在该阶段 CO_2 在腐蚀中主要起到催化剂的作用；O_2 的存在严重抑制咪唑啉类缓蚀剂的应用效果。

4.5.2.3 介质中水的含量

水在介质中的含量是影响 CO_2-H_2S 腐蚀的一个重要因素。当然，这种腐蚀和介质的流速以及流动状态密切相关。当有表面活性物质存在时，油水混合介质在流动过程中会形成乳化液。一般来说，当水的含量小于 30%（质量分数）时，会形成油包水（水/油）乳化液，水包含在油中，这时水对钢铁表面的浸湿将会受到抑制，发生腐蚀的倾向较小；当水的含量大于 40%（质量分数）时，会形成水包油（油/水）乳液，油包含在水中，这时水相对钢铁表面发生浸湿而引起 CO_2-H_2S 腐蚀。通常，30%（质量分数）的含水量是判断是否发生 CO_2 腐蚀的一个经验判断。相对来说，这不是一个十分严格的标准，只有油水两相能形成乳液时方可采用。对于不易形成乳化液的凝析油而言，该规则不一定适用。

渤海湾某含 H_2S 气体的油田在固定实验条件下，采用 Cortest C276 实验釜评价，分别测试空白生产水样与加入 10% 原油后混合水样中挂片的腐蚀速率，并比较其腐蚀形貌，比较结果列于表 4-7 中。

表 4-7 流体是否含油的腐蚀速率比较

序号	项目	实验条件	腐蚀速率 /(mm/a)	外观形貌
1	生产污水	60℃；流速 1.8m/s；硫化氢含量 200mg/L；二氧化碳含量 1%；总压 1MPa（氮气充压）	0.1261	表面黑色，均匀腐蚀
2	加入 20% 原油		0.0218	表面黑色，均匀腐蚀

表 4-7 中数据说明：该油田原油具有非常好的缓蚀作用，加入量虽然只有 20%，但是缓蚀率却可以达到 82.7%。

4.5.2.4 介质中 HCO_3^- 的含量

HCO_3^- 的存在会抑制 $FeCO_3$ 的溶解，促进钝化膜的形成，从而降低钢的腐蚀速率。钢铁在高浓度的 HCO_3^- 溶液中，钝化电位区间较大，击穿电位也较大，点蚀敏感度降低。溶液中 Cl^-、HCO_3^-、Ca^{2+}、Mg^{2+} 及其他离子可影响到钢铁表面腐蚀产物的形成和性质，从而影响腐蚀特性。HCO_3^- 或 Ca^{2+} 等共存时，钢铁表面易形成有保护性的表面膜，降低腐蚀速率。

4.5.2.5　介质中 Ca^{2+}、Mg^{2+} 含量

Ca^{2+}、Mg^{2+} 的存在，增大了溶液的硬度，使离子强度增大，导致 CO_2 溶解在水中的亨利系数增大。根据亨利定律，当其他条件相同时，溶液中的 CO_2 含量将会减少。此外，这两种离子的存在会使介质的导电性增强，介质的结垢倾向也会因此增大。一般来说，在其他条件相同时，这两种离子的存在会降低全面腐蚀，但局部腐蚀的严重性会增强。由于 $CaCO_3$ 垢不均匀分布在管道或容器内壁，所以在 CO_2 存在条件下引起的局部腐蚀失效在海上油田生产水系统中经常出现，应引起注意。

4.5.2.6　介质中 H_2S 的含量

通常，CO_2 和 H_2S 混合气体对金属材料的腐蚀主要考虑 CO_2 分压和 H_2S 分压的比值，其中 CO_2 分压与 H_2S 分压比值大于 500 时，主要表现为 CO_2 腐蚀；当 CO_2 分压与 H_2S 分压比值小于 20 时，主要表现为硫化氢腐蚀；CO_2 分压与 H_2S 分压比值在 20～500 之间时，主要表现为 CO_2/H_2S 混合腐蚀。CO_2 与 H_2S 混合气体对碳钢的腐蚀如图 4-15 所示。在室内混合不同比例 CO_2 和 H_2S 气体，开展针对碳钢的腐蚀试验，试验结束后，通过检测碳钢表面腐蚀产物的组成及其含量，很明显地验证了上述观点。

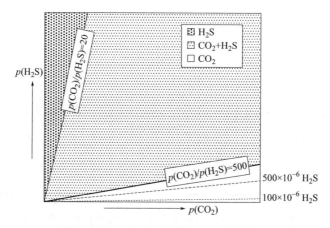

图 4-15　CO_2/H_2S 混合腐蚀区域分布图

扫描电子显微镜和电化学测试结果均证实了钢铁与腐蚀产物硫化铁之间的这一电化学电池行为。对钢铁而言，附着于其表面的腐蚀产物（Fe_xS_y）是有效的阴极，它将加速钢铁的局部腐蚀。于是有些学者认为：在确定 H_2S 腐蚀机理时，

阴极反应产物（Fe_xS_y）的结构和性质对腐蚀的影响，相对 H_2S 来说将起着更为主导的作用。

腐蚀产物 Fe_xS_y 主要有 Fe_9S_8、Fe_3S_4、FeS、FeS_2。它们的生成随 pH 值、H_2S 浓度等参数而变化。其中，Fe_9S_8 的保护性最差。与 Fe_9S_8 相比，FeS、FeS_2 具有较完整的晶格点阵，因此保护性较好。

4.5.3 CO_2-H_2S 腐蚀控制措施

目前，在海洋油气生产过程中，针对海底管道 CO_2-H_2S 腐蚀控制，主要采取缓蚀剂与清管相结合的技术。而平台上部的工艺设备和管线，主要采用耐蚀合金，例如采用双相不锈钢 UNS S31803 等进行内腐蚀控制[13]。

4.6 多相介质流动影响下的各类腐蚀

4.6.1 流态概述

在海上油气田生产管道中，输送油、气、水三相是一种普遍现象，但是相对于气液两相流的广泛研究而言，管内液液两相流的研究则进行得相对较少，而且不同研究者的研究结果也相差很大[14,15]。但是几乎所有的研究者都认为油水混合物的流动特性与气液两相流的流动特性存在很大差别。本节只考虑输送油、气、水三相流水平管道的情况。

管内油、气、水三相流非常复杂，管内油、气、水三相混合物的流型不仅取决于气相和液相的流量，而且还与液相的含水率有关。此外，管道的几何形状、尺寸和倾斜角、流动稳定性等都对流型有重要的影响。迄今为止，对于管内油、气、水三相流仍未有特别成熟的模型和关联式。其中，一个最重要的原因在于对管内流动情况下的油水复杂混合物的物性，特别是黏性和表面张力没有深入的认识[16]。

在水平管中，由于受到重力的影响，两相分布呈现出不对称状态，即气相偏向于管顶部聚集，液相偏向于在管底部分布。一般认为，水平管内气液两相流的流型可分为平滑分层流、波状分层流、段塞流、弹状流、泡状流、环状流、雾状流。还可将平滑分层流和波状分层流称为分层流，把段塞流和弹状流称为间歇流。图 4-16 给出了几种典型的水平以及近水平管内的流型结构示意图。

流型图可以给出不同的流型存在的范围。对于水平管内气液两相流相继提出了许多流型图。最早的流型图概念由 Kosterin 提出[17]，随后 Baker[18] 根据大量实验数据整理出了适用于水平管内气液两相流的第一张实用流型图［见图 4-17（a）］，并在石油工业和冷凝工程设计中得到了广泛应用。随后 Scott 对 Baker 的流型图进行了修正，使其更符合实际。Govier 和 Omier 也提出了一张水平管内的

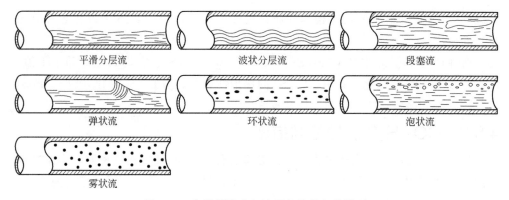

图 4-16　水平管道中气液两相流的各种模型

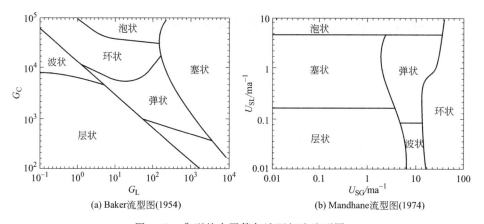

(a) Baker流型图(1954)　　　　　　　　(b) Mandhane流型图(1974)

图 4-17　典型的水平管气液两相流流型图

流型图[19]。Mandhane 等通过大量的实验结果得出了一个适用范围更为广泛的流型图 [见图 4-17 （b）]，其在实际工程中比较常用。

　　Taitel 和 Dukler 对水平管中气液两相流的流型和转变机理进行了全面的理论探讨，建立了相应的数学物理模型，从而改变了过去仅仅依靠实验流型图来判别流型的方法，真正从理论上有了突破。随后许多研究者又进一步发展了水平管中流型转变预测的理论模型。总之，人们对于气液两相流的研究已经进行了大量的研究，并且积累了大量的实验数据和理论模型[20]。气液两相流体在管道中产生的压力降、截面相份额、传热传质规律、结构传播速度、相界面的稳定性等都与流型有着密切的关系，流型的不同对流动参数的准确测量有着重要的影响。图 4-18 是对不同转变机理的总结。

4.6.2　各种腐蚀类型

　　水平管段油、气、水三相流与腐蚀类型并没有固定的关联关系，与含水率、油品性质、油水分离时间、CO_2 分压、生产水结垢以及清管频次均有关系。以气

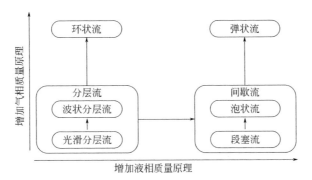

图 4-18　典型的水平管气液两相流流型转变机理

液凝析气田集输管道为例，其内介质为气液两相流，气液比较大，流体流型复杂，不同流态对管道弯管和水平管道产生不同的腐蚀机制，其中冲击流对腐蚀的影响最大，根据参考文献报道：雅克拉、大涝坝凝析气田集输管道内的介质流态主要为冲击流和分层流。对于冲击流，由于冲刷腐蚀、空泡腐蚀、流体促进腐蚀作用，弯管、管道底部等腐蚀严重，主要呈整体均匀减薄、蜂窝状、沟槽状腐蚀形貌；对于分层流，由于地层水分离沉积，在管道底部、油水分离界面腐蚀严重，呈溃疡状、台地状及烧杯口状腐蚀形貌。

　　在中海油南海西部海域的某条长度为 2.3km 的海底管道，气液比为 100，含水 70%，液体表观流速 0.7m/s，气体表观流速 2.5m/s，CO_2 含量 3.5%，压力 2.0MPa，其前段由于气液混合为段塞流，经过运行 5min 后发生气液分层转变为层流，油水经过约 5min 后分离，最终经过整段海底管道腐蚀失效分析确认：在管道出口端近 700m 发生垢下腐蚀，导致穿孔，而海底管道入口端则完好。腐蚀分布如图 4-19 所示。

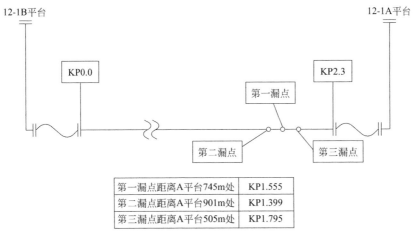

图 4-19　南海西部海域某海底管道腐蚀穿孔分布图

在中海油渤海海域某条长度为 32km 的海底管道，气液比为 1000，含水 80%，液体表观流速 0.5m/s，气体表观流速 3.5m/s，CO_2 含量 15.5%，压力 5.0MPa。旁路检测结果显示，该海底管道进入水下即发生分层，形成层流，最终在整个海底管道均发生了 CO_2 局部腐蚀，其腐蚀分布如图 4-20 所示（进出口端呈现 10%～19% 局部腐蚀，为海底管道立管内腐蚀状况，中间为水平管段腐蚀状况）。

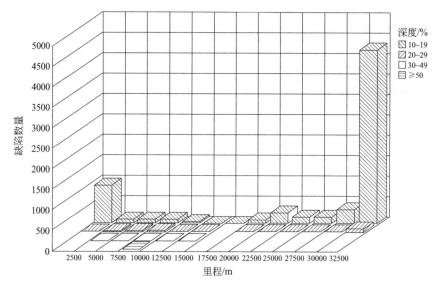

图 4-20　渤海海域某海底管道内部 CO_2 局部腐蚀分布图

4.7　油气生产中的微生物腐蚀与防护

4.7.1　微生物腐蚀概述

微生物腐蚀（microbiologically induced corrosion，MIC）是指在微生物生命活动参与下所发生的腐蚀过程。与陆地油气生产流体不同，海洋油气生产设施的油气田水系统中，硫酸盐还原菌（SRB）是微生物腐蚀（MIC）的最主要因素，铁细菌（FB）以及腐生菌（TGB）均未检测到。SRB 是与石油共生的种群，环境适应性强，种类繁多。特别是在早期石油成藏中也起到了关键作用，其生物矿化特性直接改变材料的表面特征，进而形成局部闭塞电池。微生物菌落下最初形成的蚀坑主要是细菌的生命活动引起的，大部分微生物都集中在菌落周围生长繁殖，这使得腐蚀反应的阳极区相对固定，该理论可以解释 90% 以上的微生物腐蚀表现为孔蚀特征。当金属表面存在微生物膜时，金属表面和微生物膜间界面的 pH 值、有机物和无机物的种类和浓度、矿化物的浓度等都大大有别于本体溶液，生物膜内的反应改变了腐蚀的机理和速率。

微生物参与金属腐蚀主要有以下几种方式：

① 由于微生物的生长和新陈代谢作用能够产生一些腐蚀性的代谢产物，如酸、硫化物及其他一些有害物质，使本来无害的环境具有了腐蚀性。

② 微生物的活动直接影响了电极反应动力学过程，从而诱导或加速早已潜在的电极反应，这种情况主要体现在缺氧环境中硫酸盐还原菌（SRB）的作用。

③ 由于生物的活动在金属-电解质界面上引起的状态的变化，从而导致了腐蚀的发生。

4.7.2　SRB 与腐蚀性气体 CO_2 的关系

在海洋油气生产过程中，CO_2 的腐蚀往往是全面腐蚀和一种典型的沉积物下方的局部腐蚀共同出现。腐蚀产物（$FeCO_3$）及结垢产物（$CaCO_3$）或不同的生成物膜在钢铁表面不同区域的覆盖度不同，不同覆盖度的区域之间形成了具有很强自催化特性的腐蚀电偶，CO_2 的这种局部腐蚀作用会使油气井的腐蚀破坏突然变得非常严重。微量的 H_2S 存在不但影响了 CO_2 腐蚀的阴极过程，而且对 CO_2 腐蚀产物结构和性质也有很大影响。而硫化氢与 SRB 的新陈代谢活动有关，为此，渤海某油田在 2008 年开展了 CO_2 环境中 SRB 腐蚀机理的研究。

4.7.2.1　SRB 对温度的适应性

用绝迹稀释法（10 级）测定各温度下（24℃、37℃、45℃、55℃、63℃、70℃）培养后细菌瓶中的菌量，实验结果见图 4-21。

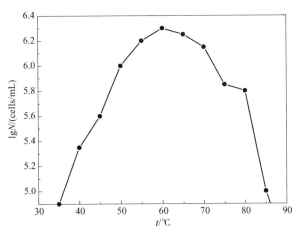

图 4-21　SRB 对温度的适应性结果

从图 4-21 中看出，渤海某油田富集培养得到的 SRB 在 60℃下生长最好。在 90℃时，接种了 SRB 的细菌测试瓶始终未变黑，也未检测到菌量，说明该油田 SRB 菌种在 90℃以上温度不能生长繁殖，而在 80℃以下均可以生长。温度在

50～80℃范围内时，对 SRB 的生长较为有利。

4.7.2.2 SRB 对 pH 值的适应性

不同 pH 值（3.05、4.35、5.40、6.48、7.06、7.51、7.97、8.92、10.24）条件下，渤海某油田 SRB 菌种在培养基中的菌量变化见图 4-22。

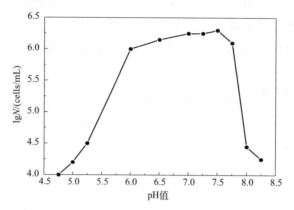

图 4-22　SRB 对 pH 值的适应性曲线

渤海某油田 SRB 在培养基中最佳生长温度为 60℃。在 55℃饱和 CO_2 的培养基体系中，生长延滞期为 24h，此后进入对数生长期，最佳 pH 值为 7.5。

4.7.2.3 SRB 对碳钢腐蚀速率的影响

采用碳钢 X60 挂片法，模拟油田现场工况，并将现场提取的清管产物（实验污泥含 SRB）和生产水作为开展 SRB 对碳钢腐蚀速率的研究基础，分别进行空白污泥、空白界面、实验污泥、实验界面、空白水样和实验水样等环境的挂片实验，CO_2 分压固定在 1.2MPa，实验周期为 60 天。实验结果如图 4-23 所示。

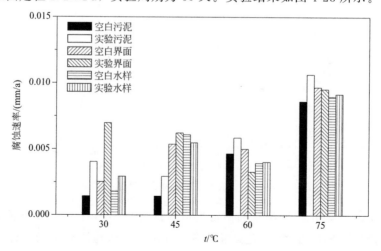

图 4-23　腐蚀速率随温度的变化关系曲线

从图 4-23 可以看出，低温区 SRB 的存在加剧 CO_2 引起的腐蚀破坏，由于渤海某油田 SRB 生长速度慢，代谢产生的硫化物不能形成致密膜层，且参与腐蚀过程阴极反应，促进了基体材料腐蚀破坏。而在温度达到其最佳生长温度（60℃）附近，SRB 生长旺盛，细菌新陈代谢产物（硫化物）增加了腐蚀产物层的致密性，一定程度上抑制了 CO_2 腐蚀，此时空白组和实验组两者不论在污泥、污泥和污水界面、污水中的腐蚀速率均比较接近。随着实验温度升高到 75℃后，污水介质中 SRB 生长繁殖受到抑制，且此时 CO_2 引起的腐蚀占主要地位，在空白组中界面层腐蚀最大，而在实验组中污泥中的腐蚀为主。随着温度升高，水体介质中悬浮的 SRB 生长受到抑制，污泥中 SRB 借助固体介质和细胞外高聚合物的掩护得以存活，导致污泥的腐蚀性增加。因此，在实际管线内的高温区微生物腐蚀多半发生在污泥下，水体介质中 SRB 较少，且随着污水介质的流动，将污泥及介质中的 SRB 带到管线的低温段，在低温段污水中繁殖，直接导致污水及污泥界面层腐蚀加重。SRB 腐蚀典型的形貌为点蚀，在中间温度（45～60℃）管线处水和污泥界面，以及水油界面均容易造成局部腐蚀穿孔，通常腐蚀发生在管线的侧面。而在高温处，SRB 可能引起的腐蚀在管线的底部。

4.7.2.4　CO_2 分压对 SRB 生长特性的影响

由于海洋油气生产过程中，CO_2 经常与 SRB 共同出现，因此开展了 CO_2 分压对 SRB 生长特性影响的研究。实验开始时，实验介质中 SRB 数目为 3.0×10^5 个/mL，腐蚀实验结束时检测污泥和污水中 SRB 菌量的结果见图 4-24。

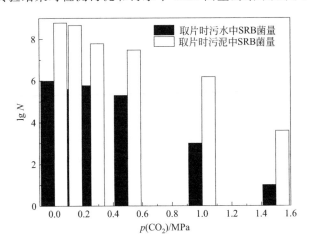

图 4-24　不同 CO_2 分压下污泥和污水中 SRB 菌量分布图

从图 4-24 可以看出：CO_2 分压小于 1.6MPa 并不能杀死 SRB，相同条件下，污泥中 SRB 数量比污水中要高 10^3 数量级，且污泥中 SRB 的耐压能力较水体中要强。因此，在实际的海底管道中附着状态 SRB 引起的腐蚀较游离液体中更严重。

4.7.3　微生物腐蚀控制措施

在海洋油气生产过程中，以 SRB 为主的微生物腐蚀并不能定量测定。如果直接将含 SRB 的污水注入地层，那么容易导致地层酸化、产生 H_2S 气体，以及堵塞地层、增加修井成本等危害。因此，必须对微生物腐蚀进行控制。目前，现场应用的控制措施包括：

① 为了避免 SRB 产生抗药性，海上平台通常交替、批量、间歇地注入两种杀菌剂，两种杀菌剂必须为不同类型 [例如 N,N-二甲基十二烷基苄基氯化铵（1227）和异噻唑啉酮]，注入浓度通常为每升几百毫克；

② 针对海底管道，通常采用杀菌剂配合清管作业来抑制微生物腐蚀，这种方法很有效；

③ 海上平台通过浓硫酸、氯酸钠和双氧水反应制备长效杀菌剂 ClO_2，也可以抑制微生物腐蚀。

4.8　开排罐或海水侵入的溶解氧腐蚀

4.8.1　溶解氧的腐蚀

海洋石油气生产过程中，开排罐是必备的设备，其入口管道直接与大气相连，因此开排容器中的溶解氧腐蚀是一个必须面对的问题。进入开排罐的水源非常复杂，包括雨水、冲洗容器污水、取样的生产水以及实验室油水分离试验后的污水等。由于开排罐中含有污油，且水质较脏，因此很难采用普通的氧气检测法准确测定开排罐水相的氧含量。

海水是海洋油气生产过程中必需的水源，其主要功能包括作为冷却水源、注入水源和造淡机水源等，海水中的溶解氧含量通常在 8mg/L 左右。

一种金属浸在海水中，由于金属及合金表面具有成分不均匀性、相分布不均匀性、表面应力应变不均匀性，以及其他微观不均匀性，导致金属与海水界面上电极电位分布的微观不均匀性。金属表面就会形成无数个腐蚀微电池，就会出现阴极区和阳极区。例如，碳钢在海水中的电池腐蚀反应：

电极电位较低的区域——阳极区（如铁素体相）：$Fe \longrightarrow Fe^{2+} + 2e^-$

电极电位较高的区域——阴极区（如渗碳体相）：$1/2O_2 + H_2O + 2e^- \longrightarrow 2OH^-$

此外，在海水中当同一金属材料表面温度不同、氧含量不同或受应力不同时，还会产生宏电池腐蚀。焊接材料与基材之间的物理化学性质差异也会产生宏电池腐蚀。当两种不同金属材料浸在海水中，并处于相互接触的情况下就会发生另一种宏电池腐蚀——电偶腐蚀。故海水腐蚀是典型的电化学腐蚀。影响海水腐蚀的因素一般有海水含盐量、温度、溶氧量、pH 值、流速与波浪、海洋生物等。

为了有效抑制开排罐和海水中的氧气腐蚀，去除其中溶解的氧气是最佳选择。针对开排罐中的溶解氧气通常采用顶部惰性气体密封（通常是燃料气燃烧后经过清洗净化的洁净气），同时配合较高的温度，根据道尔顿分压定律，开排罐顶部氧气分压降低，那么开排罐液体中溶解的氧气在较高温度下将溢出到气相，降低液相中氧气的溶解度，从而降低氧气的腐蚀。

对于少量海水中的氧气的去除（例如海底管道临时用海水清洗作业），目前一般采用直接加入脱氧剂脱除氧气。若海水作为注水水源，那么通常采用真空和加注脱氧剂联合的方式脱除氧气（见本书 4.8.2.2）。

根据 APIRP14E，经过脱除氧气的海水或开排罐，若其液体中溶解的氧气浓度低于 $25\mu L/m^3$，那么氧气腐蚀可以忽略。但是海上油田现场很难保证氧气浓度时刻小于 $25\mu L/m^3$，根据现场挂片监测经验，通常控制氧气浓度小于 $50\mu L/m^3$ 也可实现控制氧气腐蚀的效果。

4.8.2　海水溶解氧的去除

4.8.2.1　加热器

开式加热器或排气式加热器可用于某些工厂除氧，而不能用于海洋油气生产过程中的除氧。加热器除氧的基本原理为：①提高温度（降低氧的溶解度）；②使水蒸气进入水面上部的气层中（可降低氧气分压）。

4.8.2.2　气体清洗

一般情况下，在装有填料或多孔塔板的逆流清洗塔中进行气体清洗。相比之下，一般均使用板型柱，因为填料式更容易受到固体悬浮物的影响。水流入塔的顶部，清洗气体从塔的底部排入（见图 4-25）。气体通过水上浮产生气泡，塔板或填料增大了水和气体之间的接触面积。氧气从溶液中析出的速度随接触面积的增大而加快。

除氧的原理就是降低由清洗气体稀释的、与水一起进来的气体中氧的浓度。这样就降低了气体混合物中氧气的分压，从而将水中的氧气除掉[21]。在气体清洗塔中，一定体积的水中除掉溶解氧的数量与以下几个变量有关：

① 进水中溶解氧的浓度；

② 理论塔板数；

③ 气水比；

④ 塔的压力；

⑤ 水的温度。

天然气是一种常用的清洗气体，透平发电机的排出气和氮气也可以使用。

4.8.2.3　真空排气除氧

真空排气除氧的原理就是降低总压，进而降低氧气的分压。压力一直降到使

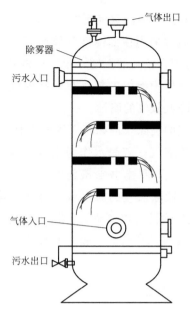

图 4-25　板型逆流式气体清洗塔

水沸腾。在 25℃时，水大约在 3.5kPa 的压力下即可沸腾。真空排气除氧较常用的是填料塔，但也可以使用板式塔。水通过喷头进入塔的顶部，靠重力流过填料和塔板。填料塔一般含有 1～3 级压力。在填料塔中，每一级含有一段密封填料，即在本级的下面，填料的底部由一级水密封。最上面的一级压力最高，向下依次降低，见图 4-26。在真空排氧过程中，真空泵一般选择液环泵，同时需要配合加入 10mg/L 左右的脱氧剂。

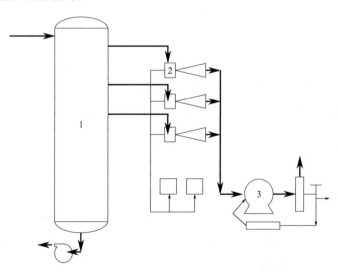

图 4-26　单真空泵和三个空气喷射器 3 级真空塔
1—3 级真空塔；2—空气喷射器；3—真空泵

4.8.3 氧气腐蚀控制

（1）电化学保护方法　电化学保护方法有外加电流保护法和牺牲阳极保护法。外加电流保护法是将被保护的金属与另一附加电极作为电解池的两极，被保护金属为阴极，这样就使被保护金属免受腐蚀。牺牲阳极保护法是将活泼金属或其合金连在被保护的金属上，形成一个原电池，这时活泼金属作为电池的阳极而被腐蚀，基体金属作为电池的阴极而受到保护。

（2）形成保护层　形成保护层是在金属表面喷/衬、镀、涂上一层耐蚀性较好的金属或非金属物质，以及将被保护表面进行磷化、氧化处理，使被保护表面与介质机械隔离而降低。一般采用电镀方式，也有用熔融金属浸镀或喷镀，或者直接从溶液中置换金属进行化学镀等。

使用保护层防止金属腐蚀时，对保护层的基本要求是：①结构紧密，完整无孔，不透介质；②与基体金属有良好的结合力；③高硬度，高耐磨，分布均匀。

（3）改善金属的本质和腐蚀环境　通过合金处理和锻造淬火可以改变金属的成分，有效地提高了其耐磨耐腐蚀性能，从而减小了海水腐蚀。通过使用缓蚀剂，减小腐蚀介质的浓度，除去介质中的氧，控制环境温度、湿度等改变腐蚀环境的方法，能有效地减慢金属在海水中的腐蚀速率。

4.9　材质组合引起的电偶腐蚀与防护

4.9.1　电偶腐蚀概述

电偶腐蚀又称为接触腐蚀。在腐蚀介质中，一种金属与腐蚀电位更正的另一种金属或非金属导体发生电连接引起的加速腐蚀就称为电偶腐蚀。

电偶腐蚀的主要特征是：腐蚀主要发生在两种不同金属或金属导体相互接触边缘的附近，而在远离接触边缘的区域，其腐蚀程度要轻得多。根据这一特征，就很容易识别电偶腐蚀。但是如果在金属接触面上同时还有缝隙存在，而缝隙中又存留电解质溶液时，构件就会受到电偶腐蚀和缝隙腐蚀的双重作用，使腐蚀程度更加严重[22]。

影响电偶腐蚀的条件主要有三点：

① 同时存在不同电位的两种金属（或一种金属与另外一种非金属导体）；

② 要有电解质溶液存在；

③ 两种金属通过导线连接在一起，或直接接触。

注意：大阴极、小阳极组成的电偶腐蚀是十分危险的，具有很大的破坏作用。据报道，常见的大阴极、小阳极组成的电偶腐蚀，其腐蚀速率要比阴极和阳极面积相等的腐蚀速率高 100～1000 倍。

电偶腐蚀在海洋油气生产中容易发生，图 4-27 是东海某油田生产水缓冲罐水相出口碳钢阀门与 SUS316L 不锈钢管线相连照片，3 个月后阀门泄漏，后更换为 316L 不锈钢阀门。

图 4-27　东海某油田碳钢阀门与不锈钢管线电偶连接

实际情况下电偶对的极性可能与热力学可逆电位电偶序预计的不同，因为腐蚀电位决定于金属/电解质界面的反应动力学。两种偶接金属在电偶序中的相对位置只指出极性或电偶电流的流动方向，并不能指出电流或腐蚀电流的大小，还决定于其他许多因素，例如几何形状、接触面积等。电偶腐蚀的基本关系由克希霍夫（Kirchhoff）第二定律来描述：

$$E_c - E_a = IR_e + IR_m$$

式中，R_m 是电偶回路中电解质部分的电阻；R_m 是金属部分的电阻；E_c 是偶对阴极组元有效极化电位；E_a 是阳极组元的有效极化电位。一般地，R_m 很小可以忽略，E_a 和 E_c 是电偶电流 I 的函数。因此，当有电流经过电解质时，两金属之间的电位差不等于开路电池电位。

4.9.2　电偶腐蚀的防护

为预防含水管道中耐蚀合金与碳钢接触发生电偶腐蚀，应采取以下措施：
① 尽可能使用法兰连接；
② 碳钢侧法兰端面应用内衬耐蚀合金，但法兰内部不用内衬；
③ 法兰之间的密封环采用耐蚀合金。

4.10　结构特点引起的缝隙腐蚀与防护

4.10.1　缝隙腐蚀概述

金属与金属之间或金属与覆盖物之间存在缝隙，而缝隙中可进入并存留腐蚀电解质溶液，从而在缝隙内部产生加速腐蚀的现象，称为缝隙腐蚀。

在海洋油气生产系统中，缝隙腐蚀常发生在垫片的底部、螺母或铆钉帽下的缝隙处，铆接结构的搭接缝、法兰连接，以及海底管道立管卡子与管道之间的部位。

缝隙腐蚀必须具备两个条件，一是电解质溶液中要有危害性的阴离子（如 Cl^-），二是要有缝隙。缝隙的宽度要保证有足够的腐蚀介质进入，但又要保持缝隙内的流体处于滞流状态。一般认为，缝隙的宽度要在 0.3mm 以下，在此宽度之上，缝隙腐蚀就会很少发生。但是在海洋油气生产设施上，通常将 5mm 以下宽度存在滞留区的缝隙称为缝隙腐蚀区。海洋油气生产过程中常见的缝隙腐蚀见图 4-28 和图 4-29。

图 4-28　东海某油田立管卡子
连接处的缝隙腐蚀

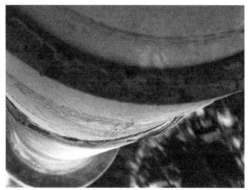

图 4-29　渤海某油田氯丁橡胶
开裂导致的缝隙腐蚀

影响缝隙腐蚀的因素包括：金属性质、流体溶解氧浓度、溶液总氯离子浓度、温度、pH 值、缝隙几何形状等。

4.10.2　缝隙腐蚀原理

对于缝隙腐蚀原理，大多数研究者认可的是氧浓差电池与闭塞电池的自催化效应机理。如碳钢在中性海水中发生的缝隙腐蚀的过程，腐蚀刚开始时，氧去极化腐蚀在缝隙内、外均匀地进行。随着腐蚀的进行，因滞流关系，氧只能以扩散方式向缝内传递，使缝内氧供应不足，氧化还原反应很快便终止。而缝外的氧随时可以得到补充，氧化还原反应继续进行。缝内、外构成了宏观上的氧浓差电池，缝内为阳极，缝外为阴极，其反应如下：

缝内：$2Fe \longrightarrow 2Fe^{2+} + 4e^-$

缝外：$O_2 + 2H_2O + 4e^- \longrightarrow 4OH^-$

由于电池具有大阴极、小阳极的特征，缝隙腐蚀速率较大。阴、阳极分离，二次腐蚀产物在缝口形成，逐步形成闭塞电池。闭塞电池的形成标志着腐蚀进入了发展阶段，此时缝内金属阳离子便难以迁出缝外，使缝内 Fe^{2+}、Fe^{3+} 产生积累和正电荷过剩，促进了缝外 Cl^- 向缝内迁移。金属氯化物的水解使缝内介质酸化，加速了阳极的溶解。阳极的加速溶解又引起更多的 Cl^- 迁入，氯化物的浓度增加，氯化物的水解又使介质的酸性增强。这样，便形成了一个自催化过程，使缝内金属的溶解加速进行下去。

综上所述，氧浓差电池的形成，对腐蚀的开始起促进作用。但蚀坑的加深和扩展是从闭塞电池开始的。酸化自催化是造成腐蚀加速进行的根本原因。缝隙腐蚀的特征如下：

① 无论是同种或异种金属的接触，还是金属同非金属的接触，只要存在满足缝隙腐蚀的狭缝和腐蚀介质，都会发生缝隙腐蚀，其中以依赖钝化而耐蚀的金属更容易发生；

② 几乎所有的腐蚀介质（包括淡水）都能引起金属的缝隙腐蚀，而含有氯离子的溶液通常是缝隙腐蚀最为敏感的介质；

③ 与点蚀相比，对同一种金属或合金而言，缝隙腐蚀更易发生，通常缝隙腐蚀的电位比点蚀电位更低；

④ 遭受缝隙腐蚀的金属表面既可表现为全面腐蚀，也可表现为点蚀形态，耐蚀性好的通常表现为点蚀形态，耐蚀性差的表现为全面腐蚀；

⑤ 缝隙腐蚀存在孕育期，其长短因材料、缝隙结构和环境因素的不同而不同，缝隙腐蚀的缝口常常被腐蚀产物所覆盖，由此增强缝隙的闭塞电池效应。

4.10.3　缝隙腐蚀防护

对于缝隙腐蚀的防护，主要可以参考以下几点：

① 合理设计，避免缝隙。例如：焊接优于铆接；对焊优于搭焊；焊接必须保证质量，避免焊孔；螺钉接合结构，可以采用低硫橡皮垫圈、致密的填料，接合面可以用涂层防护，设计时应避免积水区；维护时应勤于清理，去除污垢等。

② 设计无法避免缝隙时，可采用阴极保护。例如在海水中，采用牺牲锌极或镁极。但采取这种方法时，不锈钢要注意氢脆问题。

③ 由于缓蚀剂较难进入缝隙，所以可以在接合面上涂上加有缓蚀剂的油漆。例如：对于钢材，使用加有 $PbCrO_4$ 的油漆；对于铝，使用加有 $ZnCrO_4$ 的油漆。而对于金属片，可采用浸有气相缓蚀剂的包装纸隔开。

④ 改用合适材料。对于某些重要部件，可以改用抗缝隙腐蚀能力较强的材料，比如高铬高钼的不锈钢等。

⑤ 如果不能采用无缝的方案，则应使结构能妥善排流，方便在出现沉积物时

能及时清除，也可以用固体填料将缝隙填实。例如，在海水中使用的不锈钢设备，可采用铅锡合金作填料。填料除填实缝隙外，还可以起牺牲阳极的作用。

⑥ 垫圈不宜采用石棉、纸等吸湿材料，用聚四氟乙烯材料较为理想。

⑦ 可以采用包覆技术进行整体包覆，将缝隙与外界环境隔开，例如采用 PTC 技术、黏弹体技术等。

4.11　H_2S 及其他介质引起的环境敏感断裂

4.11.1　环境敏感断裂概述

应力与化学介质协同作用下，引起金属开裂（或断裂）的现象叫作金属应力腐蚀开裂（或断裂），在断裂学科中，又将应力腐蚀断裂称为"环境敏感断裂"。已发现的环境敏感断裂的三个主要特征为：

① 必须有应力，特别是拉伸应力分量存在。拉伸应力愈大，则断裂所需的时间愈短。断裂所需的应力，一般都低于材料的屈服强度。

② 腐蚀介质是特定的，只有在某些金属介质的组合下（海洋油气设施主要是 H_2S 气体）才会发生应力腐蚀断裂。

③ 断裂速率在 $10^{-8} \sim 10^{-6}\,m/s$ 数量级范围内，远大于没有应力时的腐蚀速率，又远小于由单纯的力学因素引起的断裂速率，断口一般为脆断型。

4.11.2　硫化氢导致氢损伤腐蚀过程

4.11.2.1　含硫化氢酸性油气田腐蚀破坏类型

含硫化氢气体的海上油气田，其常见的腐蚀破坏通常可分为两种类型：一类是电化学反应过程中阳极铁溶解导致的全面腐蚀和/或局部腐蚀，表现为金属设施的壁厚减薄和/或点蚀穿孔等局部腐蚀破坏；另一类为电化学反应过程中阴极析出的氢原子，由于 H_2S 的存在，阻止其结合成氢分子逸出而进入钢中，导致钢材 H_2S 环境开裂。H_2S 环境开裂主要表现为：硫化物应力开裂（sulfide stress cracking，SSC）、氢诱发裂纹（hydrogen induced cracking，HIC）、氢鼓泡（hydrogen blistering，HB）和应力导向氢诱发裂纹（stress oriented hydrogen induced cracking，SOHIC）等，如图 4-30 所示。

硫化氢应力开裂（SSC）是石油、天然气开采过程中最需要关注的问题之一。硫化物应力开裂的危害主要表现为：①使设备在继续承压时，恢复不到正常运转状态；②破坏承压系统的完整性；③使设备丧失基本功能。

4.11.2.2　酸性天然气系统

含有水和硫化氢的天然气，当气体总压大于或等于 $0.4MPa$（绝），气体中的

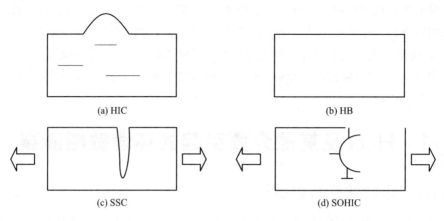

图 4-30　硫化氢油气田腐蚀破坏类型

硫化氢分压大于或等于 0.0003MPa（绝）时，称为酸性天然气。酸性天然气可引起敏感材料的硫化物应力开裂。是否为酸性气体，可以按照图 4-31 进行划分。

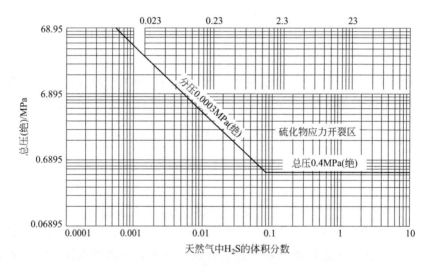

图 4-31　天然气是否为酸性气体的划分（天然气系统处于 0℃、0.101325MPa 状态）

4.11.2.3　酸性天然气——油系统

含有水和硫化氢的天然气——油系统，当天然气与油之比大于 1000m³/t 时，能否引起硫化物应力开裂按照相关规定划分；当天然气与油之比等于或小于 1000m³/t 时，能否引起硫化物应力开裂应按照图 4-32 进行划分，即系统总压大于 1.8MPa（绝），天然气中硫化氢分压大于 0.0003MPa（绝），或天然气中硫化氢分压大于 0.07MPa（绝），或天然气中硫化氢体积分数大于 15% 时，可引起敏感材料的硫化物应力开裂。

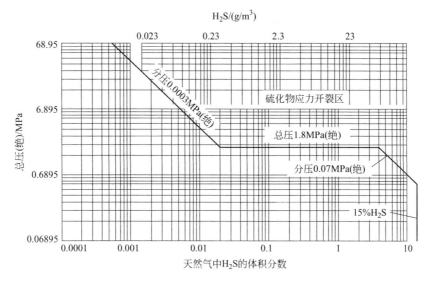

图 4-32　在 0℃、0.101325MPa 状态下的酸性天然气-油系统

4.11.3　CO_2 气体导致的开裂

CO_2 引起的应力腐蚀开裂问题，目前观点不统一。其中，Schmitt 等认为 CO_2 对氢原子渗入钢起到了促进作用。因为 pH 值相同的条件下，CO_2 饱和的 Na_2SO_4 溶液的渗氢电流密度为 $4.7\mu A/cm^2$，而无 CO_2 的 Na_2SO_4 溶液的渗氢电流密度为 $2.2\mu A/cm^2$。但是，截至目前，海上油田还没有发生由于 CO_2 腐蚀而导致的应力腐蚀开裂。

4.11.4　硫化物应力开裂酸性控制措施

含硫化氢油气田设施的硫化物应力开裂，可根据具体情况采用下述一种或多种措施进行控制：

① 采用相关标准推荐的金属材料和工艺；

② 控制腐蚀环境；

③ 把金属部件与酸性环境隔离开。

第 5 章　海上油气田的腐蚀监/检测技术

5.1　腐蚀监测技术

5.1.1　腐蚀挂片

5.1.1.1　概述

腐蚀挂片法（失重法）是最古老的腐蚀试验方法，也是石油生产中应用最广泛、最直接有效的腐蚀监控方法之一，在有条件的地方，首先采用这种方法。

在海洋油气生产过程中，腐蚀挂片法通常被用来检测缓蚀剂的应用效果，例如缓蚀剂更换后，需要及时评估缓蚀剂的效果。因此，在优化缓蚀剂后进行腐蚀挂片更换，在缓蚀剂试验周期内进行腐蚀挂片检验分析，确认缓蚀剂效果。南海东部海域海上油气田流体多处于高温高流速的恶劣工况，通常采用腐蚀挂片法进行缓蚀剂效果评价。

对于不能观察内壁表面形貌，也不能开展内检测的压力管道而言，通过评价挂片腐蚀形貌，提取腐蚀产物，可分析管道内腐蚀机理。例如渤海某油田 B 平台水源井水结垢，2005 年首先通过拆装腐蚀挂片确认水源井水结垢，并及时采取了应对措施。应该说，通过腐蚀挂片法观察腐蚀形貌，确认腐蚀原因是该种方法的主要功能。

在海洋油气生产中，需要定期检测管道的腐蚀速率，进行腐蚀速率波动的动态检测，通过腐蚀速率的变化分析流体变化是否对管道造成了影响。如果确认流体变化对系统腐蚀造成影响，那么油田作业者应立即进行现场作业，对工况参数进行优化。

目前，根据应用压力的不同，海洋油气生产设施应用的腐蚀挂片共有两种类型，即低压型和高压型。现场照片见图 5-1 和图 5-2。

腐蚀挂片法的适用范围：可用于各种介质管道的腐蚀监测。

图 5-1　海上某油田现场高压腐蚀挂片安装图　　图 5-2　海上油田现场低压腐蚀挂片安装图

5.1.1.2　检测周期

通常国内外油气田的腐蚀挂片检验周期为 3 个月，但是需要具体情况具体分析。例如渤海某稠油油田，其腐蚀速率较低，2004 年检测结果显示，95％的腐蚀挂片腐蚀速率小于 0.0254mm/a。2005 年，其腐蚀挂片的检测频率降低至每年1 次。

通常，当流体严重波动时，例如加入清洗剂或者修井作业流体返排时，可能会造成腐蚀速率的异常变化，此时就要对腐蚀挂片拆装周期进行调整，如果整个油田流体非常稳定，那么腐蚀挂片的拆装周期是可以延长的。一般来说，腐蚀挂片的周期越长（金属表面极化和缓蚀剂预膜都需要时间），其检测的结果越容易接近实际的腐蚀速率。这就是为什么海边好多海洋气候腐蚀试验站的挂片有时可以在空气中放置几年，甚至几十年。总而言之，腐蚀挂片的拆装周期不是固定的，而是随着检测目的、流体波动等情况而动态调整。如果检测部位流体比较稳定，且检测数据非常稳定，那么检测周期延长至 1 年，甚至 2 年也是可以的。

5.1.1.3　检测结果分析

腐蚀挂片很难代表压力管道真实的腐蚀速率，原因如下：

① 管道内部流体流动呈现圆锥形推进，其中靠近管道内壁面的是黏滞层，该处流速最慢。而挂片无论是挂在管道顶部、中部、下部，流体流速较管道内表面均不相同。但是当加入缓蚀剂后，由于缓蚀剂均匀混合在流体中，无论是管道内壁还是挂片表面均可以吸附缓蚀剂膜，缓蚀剂的吸附效应是相同的，因此可以评价缓蚀剂。

② 管道内部结垢和微生物腐蚀（MIC）短时间无法模拟。大部分管道内部结垢（水源井水直接排海快速降压导致管道内形成 $CaCO_3$ 垢的情况除外）和微生物腐蚀是一个缓慢的过程，如果刚在表面形成一薄层疏松的垢层，当"垢下"腐蚀与微生物腐蚀（MIC）环境开始形成时，腐蚀挂片取出进行定期检测，而管道内壁却会连续发生"垢下"腐蚀和微生物腐蚀（MIC），因此腐蚀挂片的检测结果根本无法体现"垢下"腐蚀和微生物腐蚀（MIC）对腐蚀速率的贡献，除非结垢速率足够快，在拆装前腐蚀挂片已经结垢并开始了腐蚀。因此，挂片的拆装时间间隔太短时，不利于检测某些腐蚀因素。

③ 挂片安装要求。挂片底部距离管道内壁至少 1/6in（1in＝0.0254m）的距离，其原因是距离太近时，流体会在腐蚀挂片底部和管道内壁形成冲刷，导致腐蚀速率异常，即挂片的安装位置决定了腐蚀挂片的腐蚀速率。

④ 腐蚀速率的数值。根据经验，在含重油（特别是重油含量≥70％）的管道中，检测的腐蚀速率越低，腐蚀挂片检测的腐蚀速率越接近于管道腐蚀的真实值。当腐蚀挂片由于流体冲刷导致局部脱落或折断时，会导致腐蚀速率特别高，此时检测的腐蚀速率不具有代表性。

5.1.2　电阻/电感探针

5.1.2.1　电阻探针法

电阻探针法常被称为可自动测量的失重挂片法。目前，电阻探针法已经发展成为一项应用非常普遍和成熟的腐蚀监测技术。电阻探针腐蚀监测仪通过测量金属元件在工艺介质中腐蚀时的电阻值的变化，计算金属在工艺介质中的腐蚀速率。当金属元件在工艺介质中遭受腐蚀时，金属横截面面积会减小，造成电阻相应增加。电阻增加与金属损耗有直接关系，因此，通过公式可以换算出金属的腐蚀速率。电阻探针由暴露在腐蚀介质中的测量元件和不与腐蚀介质接触的参考元件组成。参考元件起温度补偿作用，从而消除了温度变化对测量的影响[24]。测量元件形状有丝状、片状、管状。从前后两次读数，以及两次读数的时间间隔，就可以计算出腐蚀速率。通过元件灵敏度（主要是电阻探针壁厚）的选择，可连续测定腐蚀速率较快的变化。此外，探针测量元件可以根据现场需要采用不同的材料。电阻探针法的另一个优点是适用范围广，几乎可以用于海洋油气生产上部所有的介质环境中，包括气相、液相、固相和流动颗粒。

电阻探针信号反馈时间短、测量迅速，能及时反映出设备管道的腐蚀情况，使设备管道的腐蚀始终处于监控状态。因此，对于腐蚀严重的部位和短时间内突发严重腐蚀的部位，这种方法是不可缺少的监测控制手段。但由于仪器测量灵敏度的限制，其所测得的数据受工艺介质腐蚀速率变化的影响较大，测量结果有时会存在偏差。

电阻探针法可用于气相及液相、导电及不导电的介质中连续测定设备某一部位的腐蚀速率。其主要优点是：①可即时（在线）反映出金属腐蚀状况；②在一定范围内灵敏度较高；③操作方法简便；④可靠性高。其缺点是：①只能提供均匀腐蚀数据；②对于腐蚀速率低于 0.1mm/a 的腐蚀，灵敏度则显得不够；③如果腐蚀速率过快，则需频繁更换探头，工作量相对较大；④不适用于监测局部腐蚀；⑤试件加工严格。

在实际生产过程中，金属的腐蚀常常是均匀腐蚀和非均匀腐蚀共存的形式，所以电阻探针法比失重法得到的检测结果偏高，偏高的程度随不均匀腐蚀程度的加重而增大[25]。

由于电阻探针法能在气相及液相、导电及不导电的介质中连续测定设备某一部位的腐蚀速率，所以决定了它是一种很好的腐蚀监测的手段。目前，该技术已发展到可以用计算机连续检测、储存和处理腐蚀数据。腐蚀电阻探针有高低温之分，低温电阻探针的使用温度在 0~260℃，高温电阻探针的使用温度在 0~450℃。

电阻探针法的适用范围：可用于各种介质的管道和设备腐蚀监测。现场应用照片及检测曲线如图 5-3 和图 5-4 所示。

图 5-3 某海上气田天然气处理厂电阻探针法检测装置

5.1.2.2 电感探针法

电感探针法是对电阻探针法进行的改进，它不是直接测量电阻值，而是通过感抗值（感应电阻）以检测敏感元件的金属消耗。敏感元件磁导率的变化相对于其电阻值的变化更为明显，磁场的变化最终导致线圈的感抗值发生剧烈变化。研究结果表明，该类结构可以将相应时间缩短至原来的 1/2500~1/100。除了改善相应时间，该类结构也同样可以改善对温度的敏感性（即对温度变化的敏感性下降）。

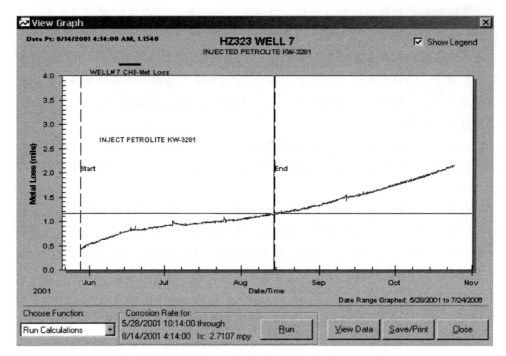

图 5-4　某海上油田单井出口电阻探针法测试曲线（缓蚀剂效果测试）

当然，电感探针法的应用也有局限性。由于该方法是基于发生腐蚀时敏感元件磁导率的变化而进行的，因此只能使用磁性高的材料。可以使用碳钢（及其他铁素体钢），而无磁性材料及弱磁性材料则不适用。因此，铝、铜、镍合金以及奥氏体不锈钢等材料的监测系统就无法应用电感探针。铝与铜的磁导率差不多，只有钢磁导率的 0.1%。其他关于电感探针局限性的研究报道，还包括探针寿命短以及由于机械应力对磁性的影响而导致的读数错误。电感探针技术具有如下特点：

① 灵敏度高，响应时间短，响应 10mpy（1mpy＝0.0254mm/a）的腐蚀速率只需要 0.1h。

② 与具有类似形状的电阻传感器电阻值为 2～60mΩ，电感阻抗的数值可达 1～5Ω。因此，与采用与 ER 法类似的测量准确度（±2/3μΩ）相比，电感阻抗法缩短至原来的 1/2500～1/100（响应速率提高 256 倍）。

③ 适用于电导溶液，非电导溶液，油、气、雾多相环境，水泥和土壤等。

④ 性能稳定，最高承受压力 41.3MPa，20mil（1mil＝25.4×10^{-6}m）厚的探头，在 5mpy 的腐蚀环境中可连续使用 2 年。

例如，美国 RCS 公司生产的 Microcor™是海上油气田经常使用的一种电感探针，其由 Microcor 变送器、Microcor 数字记录器、Microcor 电感探头和变送器电缆组成，用数据下载器（Checkmate DL）下载数据，传送到计算机上后通过专业软件进行处理分析。海上油田现场应用的照片见图 5-5，软件评价曲线见图 5-6。

图 5-5　某海上油田电感探针检测装置

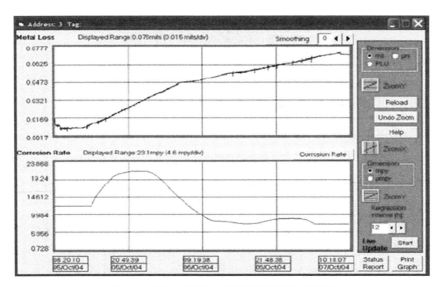

图 5-6　某海上油田电感探针评价缓蚀剂曲线

CEION 产品由英国 Cormon 有限公司生产与销售，该产品也是基于电阻探针理论。该探针呈螺旋环状，并嵌于环氧树脂中，已被广泛应用于油田领域，提供的腐蚀速率测试结果与其他方法获得的结果具有一致性。根据该公司提供的信息，测量敏感元件的电阻值要采用交流电而不是直流电。其具体的测试原理没有公布，尚不清楚。

5.1.3 电化学方法

海洋油气生产过程中，应用的主要电化学方法为线性极化电阻法（LPR），它是目前最常用的金属腐蚀快速测试方法。其基本原理是加入一小电位，使电极极化而产生电极/液体界面的电流，该电流与腐蚀电流有关。由于腐蚀电流与腐蚀速率成正比，所以该技术可以直接给出腐蚀电流和腐蚀速率的读数。线性极化电阻法只适用于电解质中发生电化学腐蚀的场合，基本上只能测定全面腐蚀，这就限制了它的使用范围。其主要特点是能测定瞬时腐蚀速率。在海上油气田，线性极化电阻法（LPR）通常只能用于注水和水源井水系统中。

海上油气田常用的离线缓蚀剂评价 LPR 装置见图 5-7。

图 5-7　海上油田使用的离线缓蚀剂评价 LPR 装置

其基本的工作原理是：离子导体溶液中的金属在发生电化学腐蚀时，铁作为腐蚀的阳极失去电子被氧化成二价铁离子，而去极化剂则得到电子成为电化学腐蚀的阴极。根据 Sterns 和 Geary 的实验结果，极化电位差（E）、测试电流密度（I_{meas}）和腐蚀电流密度（I_{corr}）三者符合下面的关系：

$$R = \frac{E}{I_{meas}} = \frac{B_1 B_2}{(2.303 I_{corr})(B_1 + B_2)}$$

式中，R 为腐蚀速率；B_1 为阳极塔菲尔斜率；B_2 为阴极塔菲尔斜率。

在一个给定金属和离子导体的溶液体系中，阳极塔菲尔斜率 B_1 和阴极塔菲尔斜率 B_2 基本上是常数，在极化电位差（E）不变的情况下，测试电流密度（I_{meas}）与腐蚀电流密度（I_{corr}）成正比关系，而腐蚀电流密度（I_{corr}）又与腐蚀速率具有一定的比例关系（库仑定律），所以可以根据这种比例关系计算出腐蚀速率。

线性极化电阻法（LPR）主要优点是：

① 响应迅速，可以快速灵敏地定量测定金属的瞬时全面腐蚀速率；

② 便于获得腐蚀速率与工艺参数的对应关系；

③ 连续测量，并可向信息系统或报警系统发送信号指示；

④ 可提供设备发生孔蚀或其他局部腐蚀的指示。

线性极化电阻法的缺点是：仅适用于具有足够导电性的电解质体系，对介质含油量要求严格（海洋石油企业标准 Q/HS 2064 要求含油≤10mg/L）。因此，该技术只应用于现场缓蚀剂的离线评价，并未在线使用。

5.1.4 腐蚀电位监测法

腐蚀电位测量法主要是监测碳钢材料金属或合金（最好是生产装置本身）相对于参比电极的电位变化。目前，该技术主要应用到导管架和海底管道保护电位检测，对于海底管道极少使用。

某平台导管架阴极保护监测系统是有缆监测系统，主要由计算机监测仪、初始化数据采集储存器、监测探头和电缆等部分组成，系统分为水下和水上两部分。

水下部分包括：安装在导管架上的双电极电位测量传感器、被监测阳极保护电流传感器、护管、连接法兰、防水电缆和走线盒。其中，监测电极要求采用双电极电位测量系统（Ag/AgX 和高纯 Zn）。

水上部分包括：初始极化数据采集储存器及其密封箱与电源、阴极保护监测仪及其辅助设备（UPS、打印机和动态补偿等）。考虑到导管架为新建结构，系统配备初始极化数据采集储存器，用以自动记录导管架下水初期的初始极化数据，并维持其工作状态，直至水下监测系统接转到中控室的阴极保护监测仪中。在平台组块整体完成后，利用中控室内的计算机记录日常监测数据。

导管架阴极保护监测系统可以测量导管架各个典型部位相对于参比电极的电位，电位测量范围应不小于 $-1400\sim1400\mathrm{mV}$，电位分辨率小于 0.5mV。根据不同平台特点，每套阴极保护监测系统对应监测传感器数量不同，输入阻抗应大于 $100\mathrm{M}\Omega$；系统的控制采用手动和自动两种方式。

数据采集记录时间间隔在 $1\sim720\mathrm{min}$ 范围内，可通过软件进行调整，异常时可以报警。下水初期，电位测量间隔应不大于 2h，阳极发生电流测量间隔应不大于 2h。平台极化稳定后，测量间隔在 $4\sim8\mathrm{h}$。

导管架阴极保护监测系统采用 Ag/AgX 和高纯 Zn 电极组成的双电极电位测量探头，一备一用，可以相互校正。参比电极是可逆电极体系，其主要特点是电位稳定、重现性好。同时，还具有温度系数小、制备、使用和维护简单方便等优点。Ag/AgX 海水电极测量精度为 $\pm0.4\mathrm{mV}$，高纯 Zn 电极电位测量精度为 $\pm4\mathrm{mV}$。电极在制造过程中会进行密封试验，试验压力应取导管架所处位置最大水深压力的 $1.5\sim2.0$ 倍，以确保电极性能的稳定。参比电极应符合 GB/T 7387—1999 的规定。

导管架阴极保护监测系统所用电缆为双层铠装的防水屏蔽通信电缆，由导体、内绝缘层、铠装护层及绝缘护套等组成。导体部分包括导电线芯和加强线芯，导电线芯均采用镀锡铜导线绞合而成，线芯外紧密包覆一层聚丙烯绝缘。内绝缘层部分为包覆芯线的绝缘护套，其间隙采用相应的阻水化合物填充。铠装护层部分由两层方向相反的镀锌钢丝或性能相近的合金钢丝进行铠装。绝缘护套部分在铠装护层之外，主要是一层黑色交联聚乙烯，起外层防护作用。该电缆能够抵抗海浪的冲击、磨损和侵蚀，并具备较高的强度和柔韧性，具有抗冲击能力，电缆外径为18mm。

数据采集系统是一个用单片机控制的智能仪器，正常工作时指示其工作状态的红色发光二极管会闪亮。如出现故障，首先检查电源有无+5V和-5V的电压输出。

用万用表测量来自导管架上的传感器输出信号大小，正常情况下，Ag/AgX电极的电位在850~1200mV，Zn电极的电位在20~230mV之间，且一对复合电极的Ag/AgX和Zn电极的电位差大于1000mV。现场参比电极布置图和监测图见图5-8和图5-9。

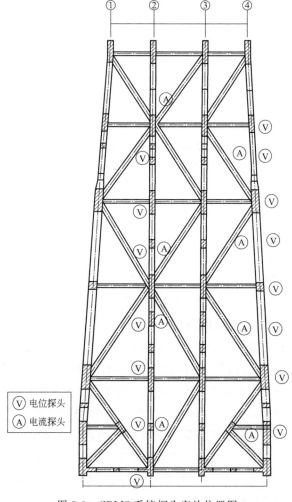

图 5-8　CPMS系统探头安放位置图

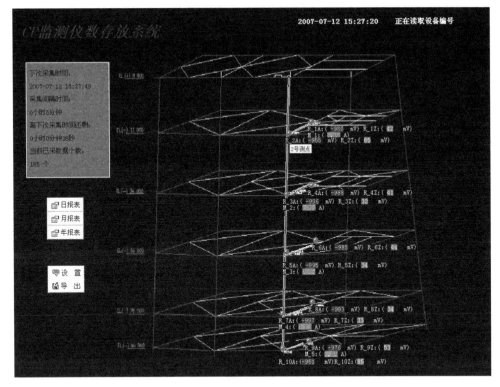

图 5-9　CPMS 系统正常运行状态图

5.2　腐蚀检测技术

5.2.1　现场调查法

现场调查法是海洋油气生产过程中最常使用的方法之一，其主要是通过制定现场调研计划，并采用科学的、系统的理论联系实际的方法，由有经验的技术专家在现场开展。与日常观察和考察不同，现场调查是在一定理论指导下，有目的、有计划、系统地了解社会现象，并对观察到的现象做出科学解释。现场调查法必须依据科学方法和程序；必须以经验事实和逻辑法则为依据；应从现实出发，解决海上油气田的实际问题；调查时应本着实事求是的态度，以及严谨的科学精神。现场调查法分为纯理论性调查研究和纯应用性调查研究，二者没有严格界限，只是侧重点不同，并相互补充。

通常，现场调查法的分类方法包括：①按调查范围分；②按调查时间分；③按调查性质分；④按分析方法分；⑤按调查方式分。

现场调查开始前，应该仔细收集、阅读与海上油气田调查问题有关的报告及论文。有时，可能会发现所要了解的问题已经有了结论，再作调查已经没有必要。只有熟悉、了解有关情况，才有可能达到调查目的。

现场调查法包括如下四个阶段：①准备阶段；②调查阶段；③研究阶段；④总结阶段。各个阶段主要工作见表 5-1。

表 5-1　现场调查法各个阶段主要内容

序号	阶段	内容
1	准备阶段	① 明确任务； ② 文献及现场资料阅读； ③ 明确研究指标、调查范围、调查对象； ④ 确定调查类型和方式、方法； ⑤ 将调查指标具体化、操作化； ⑥ 制定调查方案和提纲，印制调查表格，组织调查人员开会
2	调查阶段	① 被调查单位、个人的配合与支持； ② 熟悉调查单位、个人的基本环境； ③ 采用适当、有效的调查方式和方法； ④ 准确作好调查记录
3	研究阶段	① 核对、检查、分组； ② 图、表、指标、谈话记录及照片描述； ③ 预分析(探索性分析)； ④ 统计分析； ⑤ 理论综合研究
4	总结阶段	① 撰写调查报告； ② 成果应用； ③ 总结优缺点； ④ 研究成果的应用和评估，发现新问题并改进

5.2.2　红外热成像法

红外热成像技术运用光电技术，检测物体热辐射红外线的特定波段信号（波长介于 $0.75\sim1000\mu m$ 间的电磁波称为"红外线"），将该信号转换成可供人类视觉分辨的图像和图形，并可以进一步计算出温度值（如图 5-10 所示）。红外热成像技术使人类扩大了视觉范围，由此人们可以"看到"物体表面的温度分布状况。

红外辐射与光波和无线电波一样，是一种电磁波，其检测依靠红外热成像仪。红外热像仪可以接收红外辐射并将其转换为温度，它是全被动接收仪器，依靠接收目标自身辐射的红外信号工作，对于其他精密电子仪器设备没有任何干扰。红外热像仪接收目标各部位辐射的红外能量，并将其转换为温度值，用不同的颜色表示不同的温度，以热像图方式在液晶屏上显示（可见光图与红外热成像图见图 5-11）。

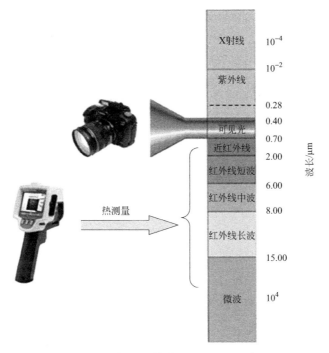

图 5-10　红外热成像技术应用波长示意图

(a) 可见光图

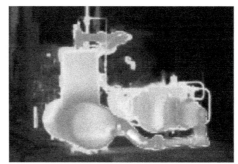

(b) 红外热成像图

图 5-11　可见光图与红外热成像比较图

在海洋油气生产过程中的非接触式精确测温方面，没有任何产品可以和热成像仪相媲美。红外热成像技术可用于自动化检查、加工过程控制、高温设备状态监测、火灾预警和监测等。另外，在设备预测性维护过程中也发挥着无可替代的重要作用。常用的热成像仪包括 Fluke 红外热成像仪等。

5.2.3　交流阻抗法

电化学交流阻抗谱（EIS）是一种相对来说比较新的电化学测量技术，它的发展历史不长，但是发展很迅速，目前已经越来越多地应用于电池、燃料电池以及腐蚀与防护等电化学领域。利用 EIS 技术可以分析电极过程动力学、双电层和扩散等，可以研究电极材料、固体电解质、导电高分子以及腐蚀防护机理等。

其原理是：向 EIS 电化学系统施加一个频率不同的小振幅的交流正弦电势波扰动电信号，测量的响应信号是交流电势与电流信号的比值（通常称为系统的阻抗），随正弦波频率的变化，或者是阻抗的相位角随频率变化。

利用 EIS 技术研究一个电化学系统时，它的基本思路是将电化学系统看作是一个等效电路，这个等效电路是由电阻、电容、电感等基本元件按串联或并联等不同方式组合而成，通过 EIS 技术，可以定量测定这些元件的大小，利用这些元件的电化学含义，来分析电化学系统的结构和电极过程的性质。在海洋油气生产过程中，交流阻抗法主要应用于缓蚀剂评价领域。

采用 EIS 技术对经过电化学及失重法测量优选出的某种缓蚀剂进行成膜性能研究。图 5-12 是加注某种缓蚀剂 50mg/L 后的南海东部某油田室内试验水质，X60 钢电极在其内部浸泡不同时间的 Nyquist 图，其等效电路如图 5-13 所示。其中，R_p 是极化电阻，C_d 是金属/溶液膜层的界面电容，R_f 是膜电阻，C_f 是膜电容，R_s 是溶液电阻。

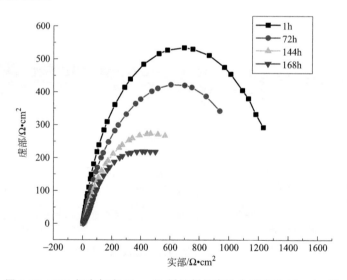

图 5-12　X60 钢在加有 50mg/L 缓蚀剂的腐蚀介质中的 Nyquist 图

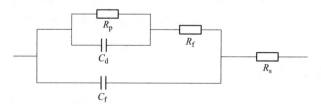

图 5-13　加入 50mg/L 缓蚀剂后腐蚀体系元件等效电路图

将浸泡不同时间测得的交流阻抗谱图根据等效电路拟合、解析，可以得到成膜系统的各电化学参数，见表 5-2。

表 5-2　X60 钢在加有 50mg/L 缓蚀剂腐蚀溶液中 Nyquist 图的电化学参数

时间/h	1	72	144	168
R_p/Ω·cm^2	1041.0	1295.0	1128.0	988.8
C_d/(μF/cm^2)	10	204	254	366
R_f/Ω·cm^2	380.4	3.1	8.3	21.2
C_f/(μF/cm^2)	14	27	17	14
R_s/Ω·cm^2	1.6	2.1	2.3	3.7

由表 5-2 可知，50mg/L 缓蚀剂与成膜非常迅速，在 1h 左右，缓蚀膜就已形成而且很致密，但缓蚀剂的缓蚀膜破坏得非常缓慢，一直维持到中后期（120h）电荷转移电阻 R_p 的变化都很小，且它与腐蚀产物没有协同作用的产生。电阻与电容的变化趋势与弱极化法测得的腐蚀电流密度的变化趋势一致。

5.2.4　其他无损检测方法

除上述无损检测方法外，超声波测厚法、涡流检测法、磁粉检测法、渗透检测法和射线检测法等也是常用的无损检测方法。

5.2.4.1　超声波测厚法

超声波测厚仪的工作原理为：脉冲发生器以一个窄电脉冲激励专用高阻尼压电换能器，此脉冲为始脉冲，一部分由始脉冲激励产生的超声信号在材料界面反射，此信号称为始波。其余部分透入材料，并从平行对面反射回来，这一返回信号称为背面回波。始波与背面回波的时间间隔代表了超声信号穿过被测件的声程时间。如测得声程时间，则可由下式确定被测件厚度，测厚时声速应是确定的。

$$d = 2C/t$$

式中，d 为被测件厚度；C 为超声波在被测件中的传播速度（即声速）；t 为声程时间。

由上式可知，如测得工件厚度和声程时间，则可求出被测工件中的声速，声速是描述超声波在介质中传播特性的基本物理量，它的大小由传播介质决定，即与材料的弹性模量、密度、超声波波型和泊松比有关。金属材料的弹性模量尽管对组织结构不敏感，但由于它与原子间作用力和原子间距有关，而原子间距与晶体结构有关，所以它还是受到组织结构的影响。此外，金属材料的密度从微观上来讲也与组织结构有关，而晶胞的体积则与组织结构有关，所以声速与金属材料内部的组织结构有必然的联系，这样使用超声波测厚仪测出被测件中的声速变化，可判断被测件中内部组织结构的异常。

超声波测厚仪主要由主机和探头两部分组成。主机电路包括发射电路、接收电路、计数显示电路三部分。由发射电路产生的高压冲击波激励探头，产生超声发射脉冲波，脉冲波经介质界面反射后被接收电路接收，通过单片机计数处理后，经液晶显示器显示厚度数值。它主要根据声波在试样中的传播速度乘以通过试样的时间的一半而得到试样的厚度。图5-14为某种超声波测厚仪。

图5-14　普通超声波测厚仪

超声波测厚仪有脉冲反射式、共振式及干涉式三种。共振式及干涉式可测厚度为0.1mm以上的材料，精度也较高，可达0.1%，但对工件表面光洁度要求较高。脉冲反射式只能测量厚度为1mm以上的材料（采用特殊电路可测厚度为0.2mm的材料），精度较差（约1%），但对工件的表面光洁度要求不高，可测表面略粗糙的材料，脉冲反射式超声波测厚仪在海上油气田最为常用。应用脉冲反射式超声波测厚仪时，应注意如下问题：

（1）测厚探头选用

① 测曲面工件时，采用曲面探头护套或选用小管径专用探头（ϕ6mm），可较精确地测量管道等曲面材料。

② 对于晶粒粗大的铸件和奥氏体不锈钢等，应选用频率较低的粗晶专用探头（2.5MHz）。

③ 测高温工件时，应选用高温专用探头（300～600℃），切勿使用普通探头。

④ 探头表面有划伤时，可选用500♯砂纸打磨，使其平滑并保证平行度。如仍不稳定，则考虑更换探头。

（2）被检物表面处理　通过砂、磨、挫等方法对表面进行处理，降低粗糙度，同时也可以将氧化物及油漆层去掉，露出金属光泽，使探头与被检物通过耦合剂能达到很好的耦合效果。

（3）选择合适声速　在测量前一定要查清被测物是哪种材料，正确预置声速。对于高温工件，根据实际温度按修正后的声速预置，或按常温测量后将厚度值予以修正。此步很关键，现场检测中经常因忽视这方面的影响而出错。

（4）耦合剂的使用　首先根据使用情况选择合适的种类，当使用在光滑材料表面时，可以使用低黏度的耦合剂；当使用在粗糙表面、垂直表面及顶表面时，应使用黏度高的耦合剂。高温工件应选用高温耦合剂。其次，耦合剂应适量使用、涂抹均匀，一般应将耦合剂涂在被测材料的表面，但当测量温度较高时，耦合剂应涂在探头上。

5.2.4.2　涡流检测法

涡流检测法是建立在电磁感应原理基础之上的一种无损检测方法，它适用于导电材料。如果把一块导体置于交变磁场之中，在导体中就有感应电流存在，即产生涡流，由于导体自身各种因素（如电导率、磁导率、形状、尺寸和缺陷等）的变化会导致感应电流的变化，利用这种现象而判知导体性质、状态的检测方法，叫作涡流检测法。

涡流检测是靠检测线圈来建立交变磁场，把能量传递给被检导体，同时又通过涡流所建立的交变磁场来获得被检测导体中的质量信息。

所以说，检测线圈是一种换能器。检测线圈的形状、尺寸和技术参数对于最终检测是至关重要的。在涡流检测中，往往是根据被检物的形状、尺寸、材质和质量要求（检测标准）等来选定检测线圈的种类。常用的检测线圈有三类：穿过式线圈、内插式线圈、探头式线圈。

涡流检测法能检测出导电材料（包括铁磁性和非铁磁性金属材料、石墨等）的表面和/或近表面存在的裂纹，能测定缺陷的坐标位置和相对尺寸。但是，该检测方法不适用于非导电材料，不能检测出导电材料中存在于远离检测面的内部缺陷，较难检测出形状复杂的工件表面或近表面存在的缺陷，以及难以判定缺陷的性质。

5.2.4.3　磁粉检测法

磁粉检测是通过对被检工件施加磁场使其磁化（整体磁化或局部磁化），在工件的表面和近表面缺陷处将有磁力线逸出工件表面而形成漏磁场，有磁极的存在就能吸附施加在工件表面上的磁粉形成聚集磁痕，从而显示出缺陷的存在。

磁粉检测法应用比较广泛，主要用以探测磁性材料表面或近表面的缺陷，多用于检测焊缝、铸件或锻件，如阀门、泵、压缩机部件、法兰、喷嘴及类似设备等。若要探测更深一层内表面的缺陷，则需应用射线等技术检测。

5.2.4.4　渗透检测法

渗透检测可以检测非磁性材料的表面缺陷，从而为磁粉检测提供了一项补充的手段。渗透检测是在测试材料表面使用一种液态染料，并使其在表面保留至预设时限，该染料可为在正常光照下即能辨认的有色液体，也可为需要特殊光照方可显现的黄/绿荧光色液体。

此液态染料通过"毛细作用"进入材料表面开口的裂痕。毛细作用在染料停留过程中始终发生，直至多余染料完全被清洗。此时将某种显像剂施加到被检材质表面，渗透入裂痕并使其着色，进而显现痕迹。检测人员可对该显现痕迹进行解析。

渗透检测可广泛应用于检测大部分的非吸收性物料的表面开口缺陷，如钢铁、有色金属、陶瓷及塑料等，对于形状复杂的缺陷也可一次性全面检测，不需额外设备，便于现场使用。其局限性在于检测程序烦琐，速度慢，试剂成本较高，灵敏度低于磁粉检测，对于埋藏缺陷或闭合性表面缺陷无法测出。

5.2.4.5 射线检测法

射线的种类很多，其中易于穿透物质的有 X 射线、γ 射线、中子射线三种。这三种射线都被用于无损检测，其中 X 射线和 γ 射线广泛用于锅炉压力容器焊缝和其他工业产品、结构材料的缺陷检测，而中子射线仅用于一些特殊场合。

X 射线又称伦琴射线，是射线检测领域中应用最广泛的一种射线，波长范围约为 $0.0006\sim100\text{nm}$。在 X 射线检测中，常用的波长范围为 $0.001\sim0.1\text{nm}$。X 射线的频率范围约为 $(3\times10^9)\sim(5\times10^{14})$ MHz。

X 射线检测是利用 X 射线通过物质衰减程度与被通过部位的材质、厚度和缺陷的性质有关的特性，使胶片感光成黑度不同的图像来实现的。当一束强度为 I_0 的 X 射线平行通过被检测试件（厚度为 d）后，其强度 I_d 由下式表示。

$$I_d = I_0 \mathrm{e}^{-\mu d}$$

若被测试件表面有高度为 h 的凸起时，则 X 射线强度将衰减为：

$$I_h = I_0 \mathrm{e}^{-\mu(d+h)}$$

又如在被测试件内，有一个厚度为 x、吸收系数为 μ' 的某种缺陷，则射线通过后，强度衰减为：

$$I_x = I_0 \mathrm{e}^{-[\mu(d-x)+\mu'x]}$$

若有缺陷的吸收系数小于被测试件本身的线吸收系数，则 $I_x > I_d > I_h$，于是，在被检测试件的另一面就得到一幅射线强度不均匀的分布图。通过一定方式将这种不均匀的射线强度进行照相或转变为电信号指示、记录或显示，就可以评定被检测试件的内部质量，达到无损检测的目的。

该方法是最基本的、应用最广泛的一种射线检测方法。射线检测适用于绝大多数材质和产品形式，如焊件、铸件、复合材料等。射线检测胶片对材质内部结构缺陷可生成直观图像，定性、定量、准确，检测结果直接记录，并可长期保存。

射线检测法对体积型缺陷，如气孔、夹渣等的检出率很高，对面积型缺陷，如裂纹、未熔合类，如果照相角度不适当，则比较容易漏检。射线检测的局限性还在于成本较高，且射线对人体有害。

第6章　海上油气田的缓蚀剂技术

6.1　井下管柱的缓蚀剂技术

6.1.1　注入工艺

与陆地油田低产井的缓蚀剂注入方式不同，海洋油气生产过程中井下缓蚀剂注入的方式采用地面加药泵连续注入，注入系统包括：药剂罐、药剂注入泵（通常为柱塞泵）、标定量筒、药剂注入管线（一般为316L，直径为3/8in的壁厚为1.5mm的焊接管）、单流阀以及下部爆破片。其中，药剂罐、药剂注入泵、单流阀、标定量筒以及少量注入管线为地面部分，大部分注入管线和爆破片为井下部分。

注入管线在完井时固定在生产管柱上下到井下，药剂管线注入口一般位于潜油电泵吸入口。开始注入缓蚀剂时，首先需连接手压泵至采油树打破爆破片，然后方可连续注入缓蚀剂。图6-1为地面针形阀现场图，图6-2为井下单流片。

图6-1　井口针形阀

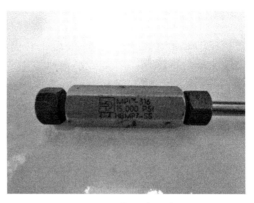

图6-2　井下单流片

由于某些单井井下压力小于管柱液压和药剂泵出口压力，因此会出现虹吸现象，导致缓蚀剂快速进入井下，为了防止该类问题，现场采用井口针形阀进行控制。

对于没有井下注入设备的气井，缓蚀剂一般选择油溶性缓蚀剂，采用分批加入的方式。通常缓蚀剂需要用柴油或凝析油稀释至5％～20％，每隔1～2月投加一次，检测目标值包括：缓蚀剂在水中的浓度，以及要求井口腐蚀速率小于0.125mm/a。

6.1.2 室内评价

碳钢管道和缓蚀剂配合是海洋油气生产过程中普遍采用的防腐方式。由于海上油气田流体组成、流态与生产工况差异较大，因此，缓蚀剂的评价应根据不同油田的工况制定不同的评价策略，开展针对性的评价。

影响缓蚀剂防腐效果的工况包括：流态、钢材组成、水质组成、腐蚀性气田分压、温度和压力等。缓蚀剂性能指标包括：缓蚀率、乳化性、水溶性、起泡性、油水分配性和毒性等[26～29]。

图 6-3　SETLAB 缓蚀剂
评价高温高压釜

国内外对缓蚀剂效率的评价方法包括静态实验法、鼓泡法、转轮法、高温高压釜法、动态环道腐蚀评价法、冲击试验法等。只有评价方法适应于海洋油气生产过程中井下高流速的工况，才能确保评选的缓蚀剂最大限度满足内腐蚀防护需求。根据美国 SETLAB 实验室的经验，针对井下注入缓蚀剂的评价方法为高温高压釜法（图 6-3）。

缓蚀剂水溶性评价法一般应用于含水量大于60％的混合流体，在含水量较高时通常会选择水溶性较好且稳定的成膜型缓蚀剂。

另外，针对井下注入的缓蚀剂，在温度较高时还需要考虑热稳定性评价。缓蚀剂在调至井下温度的烘箱中放置2h后，若仍然保持体系均一，未发生黏稠、分层和沉淀的情况，那么缓蚀剂耐高温性满足要求。

目前，海洋油气生产设施井下缓蚀剂类型一般以咪唑啉衍生物为主剂复配而成。其抗 CO_2、CO_2/H_2S 共同腐蚀性能较好。井下缓蚀剂注入浓度需要根据实验室评价结果和现场检测结果进行调整，通常注入浓度的范围为10～50mg/L。

6.1.3 效果评价

6.1.3.1 检测设备组成

由于井下流体通常为段塞流、油水混流等流态，流速高，可能同时含砂，因此在井口设置腐蚀挂片并不能准确反映井下管柱腐蚀状况。针对该种情况，美国RCS公司根据电阻探针原理开发了井下腐蚀监测工具DCMS™系统。

DCMS™系统灵敏度高，可对实际工作条件下的缓蚀剂成膜以及井下油管腐蚀速率进行评估，具有良好的预见性。DCMS™系统可以用各种各样的锁具（wire line）安放在油管上，以便在测井开始时将其放入生产井的各个位置，而在测井结束后再从井下回收。选择适当的线缆锁具可以把DCMS™系统放置在井内任何深度，即便是腐蚀最严重的地方。而且在相同工作条件下，为了获得不同深度的腐蚀数据，可在一口井内同时运行多个DCMS™系统进行比较。

DCMS™系统由带防护帽的电阻探头、电子存储模块和电池组成。DCMS™系统的本体材质是316L不锈钢，符合NACE MR0175标准。本体的外径是1.25in，它带有一个5/8in的稳钉连接器（sucker rod connection），可附着在运行有线缆锁具的油管上（如图6-4所示）。

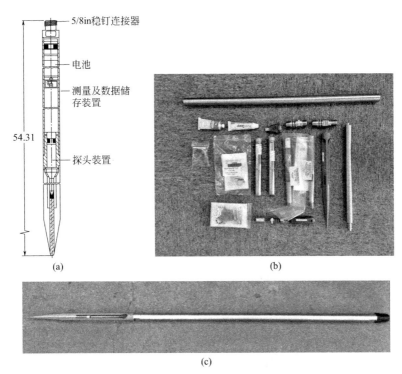

图 6-4　DCMS™腐蚀监测仪组成图

6.1.3.2　技术特点

① 探头有效厚度：T10-5mils，T20-10mils。

② 分辨率：探头有效厚度的 0.1%。

③ 检测精度：0.1～0.01mpy。

④ 电源：锂电池。

⑤ 电池寿命：每 2h 采样一次，可使用 75～85d。

⑥ 最大工作压力：40MPa。

⑦ 最大工作温度：150℃。

⑧ 重量：13.6kg。

⑨ 实时监测腐蚀速率与温度。

⑩ 额定值达 10000psi（1psi＝6.895kPa）或 140℃（285℉）。

⑪ 可在井下任何深度安装与回收。

⑫ 75d 电池寿命。

⑬ 1024 个数据点存储容量。

⑭ 使用测试软件方便下载数据和绘制图形。

6.1.3.3　DCMS™安装、放置、回收工具——线缆锁具

（1）美国原装安装、放置、回收工具　应用合适的线缆锁具（wireline running tools）可以把 DCMS™ 系统轻松地放置在油管的不同深度，并且可以轻松地把 DCMS™ 系统从油管里取出来。采油技术服务公司对 RCS 公司提出了技术要求，在其帮助下设计出了一些线缆锁具。这些工具里包含：

① 线缆套，把锁具和线缆连接的工具；

② 加重杆，在放置和回收时所用的加重杆；

③ 开合接头，开关弹簧；

④ 震击器，在 DCMS™ 系统上升或下降时对冲击进行控制；

⑤ 扶正器，保证 DCMS™ 系统在油管中部运行。

（2）国内井下探针安装、放置、回收工具　在陆地测试过程中，作业人员发现 DCMS™ 井下安装工具存在脱手困难，且挂定部分已损坏的情况，通过调研国内厂家，将井下探针安装到国内定制加工的取放设备上。相关信息如下：

采用耐高温大扭矩变速电机，单片机（CPU）时间控制系统，高强度耐腐蚀料，精细加工调测，形成机电一体化联动的机械手。仪器结构为三段筒柱型结构。整套分为三大部分：控制器（A 筒）、执行器（B 筒）、定位器（C 筒），见图 6-5。

(a) 控制器　　　　　　　(b) 执行器　　　　　　　(c) 定位器

图 6-5　国内井下探针安装、放置、回收工具组成图

① 控制器（A 筒）功能　设置仪器投放动作时间；给执行器提供旋转执行动力；连接起下井绳帽螺栓。

② 执行器（B 筒）功能　接受控制器提供给的旋转执行力，给定位器施行击

打动力；井下定位完成后同时承担自动和定位器的分离任务；上连 A 筒和下接 C 筒。

③ 定位器（C 筒）功能　释放和收缩定位爪牙，实施井筒定位或定位解除；挂接被投测试井仪器；顶部伞帽接受测试仪器回收的提取作业。

6.1.3.4　现场案例

使用该工具在深圳某油田进行了井下测试，DCMS™ 监测周期为 34 天，该段时间内的腐蚀速率为 3.884mpy（0.0986mm/a），为中度腐蚀。现场检测数据见图 6-6。

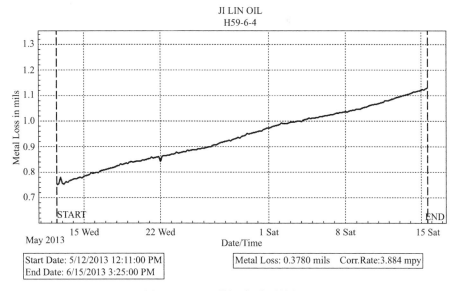

图 6-6　DCMS™ 现场检测数据图

6.2　原油及混输系统的缓蚀剂技术

6.2.1　注入工艺

原油及混输系统的缓蚀剂注入工艺设备包括缓蚀剂储罐、一备一用两台柱塞计量泵、标定量筒、单流阀和连接管线。通常，材料均为耐蚀合金或不锈钢 316L。为了更好地发挥缓蚀剂效果，对其注入系统的要求如下：

① 缓蚀剂注入方式见图 6-7。

② 缓蚀剂与其他化学药剂注入点之间距离宜不小于 1m。

③ 缓蚀剂加注设备包括：计量泵、储罐、单流阀、计量装置、安全阀等，加注装置的材质应与连续接触的缓蚀剂相适应，即缓蚀剂与接触材料配伍性要好。

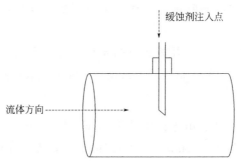

图 6-7　缓蚀剂注入方式示意图

④ 对于新投产项目，停产重新投入使用或者酸化作业流体进入后的生产设施和管道，应进行缓蚀剂预膜。

对于油水管道而言，缓蚀剂的加注浓度随着温度而变化，相关信息如表 6-1 所示。

表 6-1　原油及混输系统缓蚀剂处理

设备	施工工况	药剂类型	加注方式	加注量	目标检测	备注
油水管道	$T<50℃$	水溶性成膜缓蚀剂	连续	20mg/L 以水体积计	小于 0.125mm/a	当 BSW < 20% 时，加注量相同，但是要基于液体总量（油＋水）
	$50℃≤T<80℃$			50mg/L 以水体积计		
	$80℃≤T<110℃$			100mg/L 以水体积计		
	$T≥110℃$			20mg/L 以水体积计		

注：BSW 指油水混合物经离心分离后，底部包括乳化液、水和沉淀的总称。

6.2.2　室内评价

原油及混输系统的缓蚀剂室内评价项目包括缓蚀效率评价、油水分配测试、热稳定性测试以及起泡性等。

缓蚀效率评价、热稳定性评价与井下注入缓蚀剂评价方法相同；油水分配测试主要目的是检验缓蚀剂注入油水混合物后，其分散至水相的有效成分，实验装置简图和实际装置见图 6-8 和图 6-9。

该装置由气体连续注入系统、恒温系统、腐蚀速率测试系统和废气吸收系统组成，可以实现不同温度、压力、不同气体组成环境中，缓蚀剂在油水分离后的缓蚀效率和油水分配系数的测定。该装置具有如下功能：

① 可以测试缓蚀剂的油水分配系数。

油水分配系数计算方式为：油水分配后缓蚀率/缓蚀剂全部进入生产水的缓蚀率。

② 根据测试结果作出不同油田缓蚀剂的标准曲线，可在现场评估油水分离后缓蚀剂的缓蚀效率。

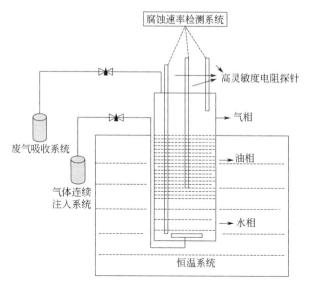

图 6-8　缓蚀剂油水分配系数测试装置原理图

（图中标注：腐蚀速率检测系统、高灵敏度电阻探针、气相、油相、水相、恒温系统、废气吸收系统、气体连续注入系统）

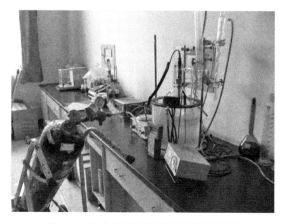

图 6-9　油水分配系数测试实际装置图

③ 可以评价缓蚀剂在油水分配后的腐蚀速率。

某海上油田海底管道油水混输流体前加入缓蚀剂 H101、破乳剂和防垢剂，该海底管道长约 32km，停留时间约 2h，在海底管道出口的油水样显示 CO_2 含量为 35%，H_2S 含量为 10mg/L，压力为 0.3MPa，温度为 40℃，含水 56%，缓蚀剂加注量以生产水体积计算为 25mg/L。在海底管道出口，油水混合物出现了明显的油水分离。对该种状况下油相和水相的腐蚀速率和分配系数进行了测试，测试过程如下：

① 标定控温装置、气体流量计、高灵敏度探针等设备。

② 取现场不含缓蚀剂 H101 的水样加入到装置中，采用装置进行腐蚀速率测

试，测试时间为 72h。加注浓度为：0、5mg/L、10mg/L、15mg/L、20mg/L、25mg/L、30mg/L、35mg/L、40mg/L、45mg/L 和 50mg/L，分别测试其腐蚀速率和缓蚀率，计算标准曲线见图 6-10。

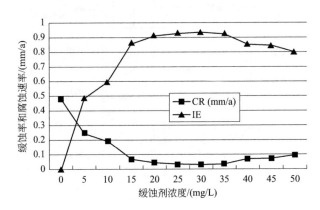

图 6-10　缓蚀剂油水分配系数测试数据

③ 按照现场油样和水样的比例混合，加入 25mg/L 的缓蚀剂 H101，剧烈振荡混合。

④ 系统升温至 40℃。

⑤ 安装高灵敏电阻探针，进行腐蚀速率测试，测试时间是 72h。

⑥ 检测水的腐蚀速率为 0.191mm/a，缓蚀率大约为 60%。

⑦ 根据自制的标准曲线，查得 0.191mm/a 对应未经油水分配的浓度为 10mg/L，经过油水分配后，大约 40% 的有效缓蚀剂分配到水相，因此分配系数为 0.4。

6.2.3　效果评价

6.2.3.1　监/检测技术

现场评价缓蚀剂效果应用的评价技术包括：腐蚀挂片法、电阻探针法、线性极化电阻法、电感探针法、旁路测试短节法、旁路探针法、场指纹法（FSM）和漏磁（或超声）内检测法等。其中，漏磁内检测法和超声内检测法主要用于海底管道的内部检测，其中超声内检测法只能用于液体管道的检测。旁路探针法和旁路测试短节法示意图如图 6-11 和图 6-12 所示。

6.2.3.2　监/检测频次及方法

原油及混输系统缓蚀剂处理见表 6-2。

除了表 6-2 中的缓蚀剂效果检测方法外，还有一些辅助性指标协助判断原油及混输系统缓蚀剂应用效果。

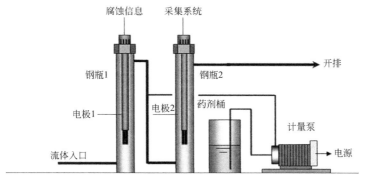

图 6-11   旁路探针法装置示意图

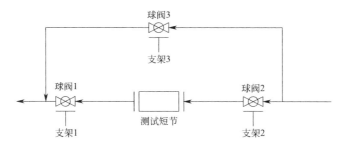

图 6-12   旁路测试短节法安装示意图

表 6-2   原油及混输系统缓蚀剂处理

检测技术	检测频次	备注
腐蚀挂片法	腐蚀挂片检测周期通常为三个月，若腐蚀速率大于 0.076mm/a，检测周期可缩短至一个月，若腐蚀速率小于 0.025mm/a，检测周期可延长至六个月	腐蚀挂片拆除后，应立即进行拍照，提取表面附着物并密封保存，表面附着物应在两周内进行组分分析，挂片需将表面残留液用滤纸吸干后，涂抹防锈油密封保存
电阻探针/电感探针/线性极化电阻法	连续监测	线性极化电阻法不适用于含油的流体
旁路测试短节法	每年 1 次	测试短节的长度为 0.5~1m，其前后应分别设置至少 5D(D 代表安装处管道外径)长度的直管段。 拆装管段时，管道内壁与收集沉积物装置应开展如下工作： ① 装置内部的垢样采集； ② 沉积物底部 SRB 检测； ③ 局部腐蚀形貌与分布； ④ 根据内部情况，对整个管道进行超声波测厚，明确腐蚀类型，并计算减薄率； ⑤ 对比清管物质与旁路式内腐蚀检测系统内部提取物质的差异性
场指纹法（FSM）	连续监测或 1 次（1~3 月）	根据 FSM 不同类型选择检测周期

（1）铁离子分析　铁离子分析包括亚铁离子和总铁离子分析。其含量的增加意味着腐蚀速率变大，但是铁离子含量降低也并不意味着腐蚀速率降低，因为铁离子在流体中存在较大的沉淀倾向，因此铁离子变化应结合具体工况以及其他检测数据进行综合分析，确定其腐蚀倾向。

（2）微生物数量化　微生物包括 SRB、TGB 和 FB。它们生长数量的变化是原油及混输管道是否发生微生物腐蚀（MIC）的重要依据。其中，SRB 生长数量变化是厌氧环境下发生微生物腐蚀的最主要标志。因此，检测原油及混输管道进出口微生物含量变化很重要，需要明确其含量变化与杀菌剂注入的关系，以及 SRB 等的可控范围。考虑到微生物群落附着导致缓蚀剂无法吸附，造成局部腐蚀，因此注入杀菌剂进行黏泥剥离也是促进缓蚀剂发挥作用的重要手段。

（3）S^{2-} 分析　S^{2-} 是微生物腐蚀以及 H_2S 大量出现的主要标志，应定期对其检测。

（4）腐蚀性气体变化　腐蚀性气体包括 CO_2、H_2S 和 O_2。在不含原生 H_2S 的海上油田，CO_2 主要是流体变化造成的，而 H_2S 则主要由生产井流体变化或者管道及生产设施中滋生的 SRB 产生，O_2 的变化则主要是操作过程中与空气接触或掺入含氧流体造成的。因此，需要明确管道或设备进出口 CO_2、H_2S 和 O_2 的来源，并确定含量的检测方法和检测频率。

通常，通过 H_2S 含量变化、SRB 含量变化、S^{2-} 含量、清管方法以及杀菌剂注入情况对比考虑，确定海底管道内部杀菌剂控制方法的有效性。

（5）pH 值变化　pH 值是流体变化的重要标志，为保证其准确性，需现场检测。应根据海底管道现场情况，确定 pH 值的检测周期和方法。

（6）温度和压力变化　需要定期总结管道两端温度和压力的波动，确定温降和压降的变化，分析海底管道的保温以及是否发生内腐蚀穿孔。温度和压力变化需要结合管道内部流体情况以及生产情况综合分析，需要明确分析温度和压力变化的时间间隔。

6.2.3.3　现场案例

（1）油、气、水混输管道　缓蚀剂预膜与定期加注相配合，预膜浓度通常要大于缓蚀剂评价过程中的最佳浓度，注入时间根据工况不同而变化。另外，由于酸化、注聚以及调剖等作业对海底管道缓蚀剂膜影响显著，因此在油井作业流体进入海底管道后，因根据具体情况进行重新预膜。

油、气、水混输海底管道通常加注的缓蚀剂为水溶型或油溶水分散型。其应用浓度并不是越高越好，而是存在最佳使用浓度和预膜浓度。

建议根据多年使用缓蚀剂经验，建立缓蚀剂预膜和定期加注缓蚀剂的规范。通常，在清管作业后、增产作业流体（例如酸化和调剖等）进入海底管道后，可能会对缓蚀剂膜产生破坏，通常都要进行预膜，具体预膜周期还需要结合海底管道定期腐蚀监/检测结果进行分析。

（2）注水管道　注水管道通常加注防垢剂、杀菌剂和缓蚀剂联合对其内腐蚀进行防护。但是在清管过程中也应该配合杀菌和预膜，并定期检测管道压差与流量变化，分析管道内部结垢情况，及时采取防垢措施。

注水海底管道缓蚀剂加注通常根据化学药剂供应商提供，注入浓度小于30mg/L。建议梳理注水海底管道的化学药剂注入经验，建立注水海底管道化学药剂注入规范。

（3）现场应用　图 6-13 是 2001 年 10 月 24 日某油田油、气、水井口管线电阻探针测试结果，曲线显示自 8 月 16 日注入缓蚀剂 EC1304 后，管道腐蚀速率快速上升，达到 8.9829mpy，较空白腐蚀速率加快。该缓蚀剂效果不佳。

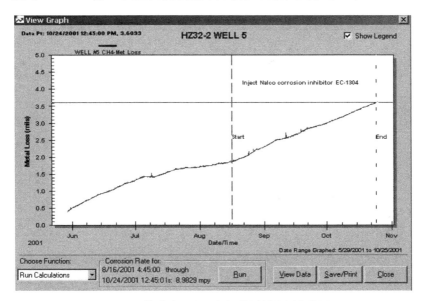

图 6-13　管道出口电阻探针检测缓蚀剂曲线图

6.3　天然气系统的缓蚀剂技术

6.3.1　注入工艺

注入设备与 6.2.1 节相同。

对于湿天然气海底管道（包括与合格凝析油混输的海底管道），根据国内外经验，其加注方案可以采用缓蚀剂预膜和连续加注相结合的方式。在湿天然气海底管道投产前，应采用缓蚀剂与清管器配合对海底管道进行预膜处理。缓蚀剂对海底管道进行预膜处理量可以按照下式进行估算：

$$W = 2.4DL$$

式中　W——预膜处理量，L；

　　　D——管道内径，cm；

　　　L——管道长度，km。

随后开始连续加注，加注浓度由输送介质中的水含量确定，一般缓蚀剂的浓度为 100mg/L。

干天然气海底管道指输送经过脱水天然气的海底管道。目前，其缓蚀剂加注通常根据输气量进行确定，加注浓度为 $0.17 \sim 0.67 L/10^4 m^3$。通过内检测结果，对缓蚀剂应用效果进行确认。

6.3.2　室内评价

6.3.2.1　概述

天然气系统涉及顶部腐蚀问题（TLC）和流态导致的腐蚀问题较油、气、水混输管道更为复杂。缓蚀剂注入天然气系统后，缓蚀剂沉降管道或设备底部与天然气凝析液混合在一起，其分散与成膜机理完全与油、气、水混输系统的管道相同，因此针对底部沉积液相腐蚀可采用与原油及混输系统缓蚀剂评价相同的方法。但是缓蚀剂需要具备一定的挥发能力，确保随天然气挥发吸附在管道上部水分冷凝区。缓蚀剂顶部腐蚀的原理如下。

6.3.2.2　顶部腐蚀原理

湿天然气管道的顶部腐蚀（TLC）现象最早发现于 1960 年法国的 LACQ 酸性气田[30]，作业者对一条长期加注液相缓蚀剂保护的输气管道进行安全检查时，发现管道多处顶部发生了严重的腐蚀，尖劈状点蚀坑处的腐蚀速率高达 5mm/a，而整个管道底部由于液相缓蚀剂的保护，几乎没有腐蚀[31]。此后，在加拿大、美国、印度尼西亚等许多国家都陆续发现了湿气输送管道顶部腐蚀的案例[32]。在湿气生产与输送过程中，管道与外部接触介质之间会产生热交换，当热传导使管壁温度低于水露点时，湿气中的水蒸气会在管道内壁生成凝析水。在水平铺设的管道中，凝析水受重力影响大部分汇集于管道的底部，在管道的侧壁和顶部则保持一层较薄的液膜，由于水的表面张力作用，顶部的液膜通常比侧壁厚（图 6-14）。如果输送的湿气中含有酸性气体或可挥发性腐蚀性物质，如 CO_2、H_2S、乙酸等，它们溶解在凝析水中，会对管道内壁造成严重的腐蚀。当在湿气输送管道中加注普通液相缓蚀剂时，通常管道

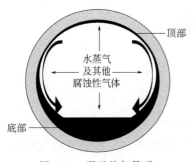

图 6-14　湿天然气管道
中凝析水示意图

下方可以受到很好的保护，有效降低底部腐蚀速率，但在液相缓蚀剂接触不到的管道顶部，腐蚀不受控制。此时，管道顶部腐蚀速率会明显大于底部，TLC现象会发生。

湿气管道的顶部腐蚀受多种因素的影响，如管道中水蒸气的冷凝率、湿气温度、挥发性腐蚀介质浓度、气体流速、多相流流态等。其中，水蒸气的冷凝率对顶部腐蚀速率影响最大。

(1) 冷凝率　在含 CO_2 多相流管道中，当水蒸气的冷凝率低于 $0.25mL/(m^2 \cdot s)$（按照管道顶部面积的 50% 计算），几乎观察不到顶部腐蚀现象。只有水蒸气冷凝率大于该临界值时，顶部腐蚀才会发生，并且腐蚀速率随冷凝率的增加而增加[33]。

(2) 温度　输送湿气的温度影响冷凝率（低于临界值）及沉积于管壁的腐蚀产物的致密度和对管道的保护性能。在含 CO_2 的湿气管道中，当温度高于 70℃时，形成的碳酸亚铁膜致密，对管壁具有良好的保护性，但是这种致密的膜一旦遭受破坏容易引起局部腐蚀和点蚀。当湿气温度低于 50℃时，形成的腐蚀产物在管壁上堆积疏松，保护性差，腐蚀速率相对较高。当冷凝率高于临界冷凝率时，腐蚀产物很难达到饱和，无论湿气温度高低，管道表面均不会形成腐蚀产物膜，腐蚀速率最大[34]。

(3) 挥发性腐蚀介质　湿天然气输送管道中挥发性腐蚀介质主要包括有机酸、CO_2 和 H_2S 等。它们的浓度变化会改变凝析水中的溶解度和凝析水的 pH 值，从而影响管道顶部腐蚀速率。有研究表明，当多相流输送管道中存在乙酸时，管道顶部凝析水 pH 值明显降低，管壁溶解加速，顶部腐蚀速率增大，并且乙酸浓度的增加对顶部腐蚀速率影响非常显著。在低凝析率条件下，CO_2 分压对顶部腐蚀速率几乎没有影响，而高冷凝率时，CO_2 分压增加，会加大顶部腐蚀速率[35]。

(4) 气体流速　气体流速对湿气管道顶部腐蚀没有直接的影响，但通过改变冷凝率会间接地改变顶部腐蚀速率。一般情况下，随着气体流速增加，冷凝率也增加，从而加速顶部腐蚀。但是也有报道气体流速较低时（$<3m/s$）顶部腐蚀加速的例子。

(5) 多相流流态　如果湿气以多相流的形式输送，缓蚀剂和多相流流态对顶部腐蚀也有影响。当液相腐蚀介质中不含缓蚀剂时，湍流和段塞流会增加管道顶部与腐蚀介质接触的时间，增大顶部腐蚀速率。而介质中含缓蚀剂时，湍流和段塞流由于能有效地将缓蚀剂带到管道顶部，使缓蚀剂在管道顶部发挥保护作用，顶部腐蚀速率反而降低。在平流状态时，液相缓蚀剂难以到达管道顶部，对顶部腐蚀几乎没有影响。

除上述因素外，湿气管道的顶部腐蚀还受管道铺设形状、铺设环境等因素影响。有研究报道，在完全相同条件下，某湿气管道拱形交叉处下坡面的顶部腐蚀速率约为上坡面的8倍。而铺设于低温环境或外保温层（水泥或聚氨酯等）减薄、缺失和破坏的管道，顶部腐蚀速率也明显增加，不过这些条件下顶部腐蚀的加速是通过冷凝率的提高间接实现的[36,37]。

6.3.2.3　TLC易发生部位

由于管道中水蒸气的冷凝是湿气管道产生顶部腐蚀的必要条件，因而湿气管道的顶部腐蚀主要发生在管道可能向外部环境快速交换热量的某些特殊区域[38]，主要包括：①湿气输送管道或多相流输气管道的平流段，输送的气体与外界环境有一定的温差，如被海水、空气冷却的部位；②缺乏良好的绝热保温层，部分海面下的平铺输气管道；③管道上绝热层缺失或增加三通连接新管道的附近区域；④部分管道发生拱起，拱起下降部位由于受到气流冲击，腐蚀速率明显加快。

6.3.2.4　动态环道评级技术

目前，顶部腐蚀与流态腐蚀的室内评价需要采用动态环道腐蚀评价装置进行，也有一些研究人员对高温高压釜进行改造，对气相缓蚀剂进行评价。动态环道腐蚀模拟实验装置见图6-15。

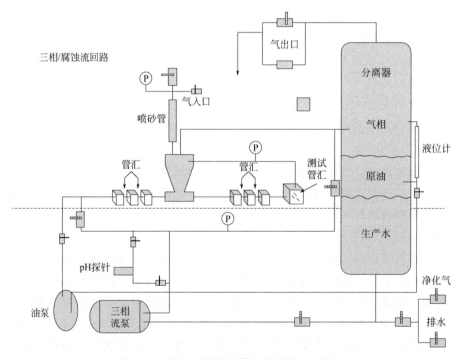

图6-15　动态环道腐蚀模拟实验装置示意图

6.4　缓蚀剂现场应用管理

6.4.1　药剂类型

缓蚀剂的类型很多，有阳极型缓蚀剂、阴极型缓蚀剂和混合型缓蚀剂。缓蚀剂的使用环境也各有不同，有中性介质、酸性介质和气相介质等。缓蚀剂的选择应根据腐蚀问题的机理和成因进行。

6.4.2　药剂添加作业方案要求

① 海洋石油平台应根据自身所用防腐药剂的种类，编写具有针对性的防腐药剂添加作业操作规程、安全规程，作业人员应熟悉操作规程和安全规程。

② 每次防腐药剂添加作业都应进行技术和安全风险分析。

6.4.3　作业准备工作

① 根据生产和工艺要求计算加注量并领料，根据加注量准备好防腐药剂盛放容器，规划好现场防腐药剂堆放位置并予以标志。

② 在防腐药剂添加现场应放置与防腐药剂对应的 MSDS 卡，并准备好基本防护措施。

③ 在添加防腐药剂前应当对现场和防腐药剂储罐内外进行清理、清洗，防止防腐药剂遭受杂质的污染。

④ 在清洗工作的同时应对储罐进行试压试漏，以免在添加防腐药剂后出现"跑、冒、滴、漏"现象和动火维修作业。

⑤ 检查注入设备上附属的各种仪表是否正常工作。

⑥ 如果防腐药剂在注入过程中需要加热或冷却，则需要检查加热和冷却管路是否通畅，开关、阀门是否处于正确位置。

⑦ 检查防腐药剂是否混合均匀，是否存在沉积和难溶物，如果存在则应当排除，以免堵塞管路。

6.4.4　作业过程

① 防腐药剂添加作业过程应严格按照相应的操作规程和安全规程进行，不得随意改动。

② 添加过程中应密切注意设备上各仪表数值变化和药剂各项参数的变化，当数值变化超出允许范围时，应立即采取措施调整。

③ 防腐药剂添加完毕后，剩余料应回收，杜绝浪费；对防腐药剂盛放器具清洗复原，对储罐进行清理密封，防止污染。

④ 防腐药剂的实际添加过程应如实记录并存档。

6.4.5 防腐药剂评价

① 根据腐蚀挂片和腐蚀探针分析结果以及其他腐蚀速率检测结果，调整化学药剂的注入量、注入方式。

② 新建海底管道要在投运后的 6 个月内评价一次，在输送介质组分相对稳定时，以后每 2～5 年 1 次对缓蚀剂的效果进行评价，腐蚀检测结果显示腐蚀速率加快时，应增加对缓蚀剂效果的评价频次。

6.4.6 防腐药剂变更

① 同一种类防腐药剂型号、牌号的变更，需要经相关人员审查。

② 药剂变更需格外注意以下几方面事项：储罐容量是否满足生产工艺对新药剂的需要；储罐和管路材质对新药剂的耐受性；新药剂是否需要加热、冷却和搅拌装置。视以上几方面的情况对防腐药剂注入设备进行改造，改造参照相关的文件进行。

③ 防腐药剂的变更按照粗筛选、室内试验、现场试验、试用、正式投用最终确定。

6.4.7 缓蚀剂现场评价方法

（1）腐蚀挂片法 该法用于单井、流程管线的缓蚀剂效果长期评价，评价未加注缓蚀剂和缓蚀剂加注后 3～6 个月的缓蚀效果。

（2）电阻探针法 该法用于单井、流程管线的缓蚀剂效果中长期评价，评价未加注缓蚀剂和缓蚀剂加注后 1～3 个月的缓蚀效果。

（3）线性极化电阻法 该法可用于水中含油（OIW）低于 10mg/L 的水处理系统缓蚀剂效果的短期评价，评价未加注缓蚀剂和缓蚀剂加注后 1～7d 的缓蚀效果。

（4）场指纹检测法 该法可用于海底管道腐蚀的长期评价，通过监测海底管道内腐蚀导致的管壁变化评价防腐效果，评价时间为 1～6 个月。

（5）电感探针检测法 该法用于单井、流程管线的缓蚀剂效果短期评价，评价未加注缓蚀剂和缓蚀剂加注后 1～15d 的缓蚀效果。

6.5 化学药剂配伍性

在进行缓蚀剂室内评价和现场评价过程中，必须高度重视化学药剂之间的配伍性，由于现场油水分离药剂，例如缓蚀剂、清水剂、消泡剂等，其效果在药剂注入后立即体现，大多数现场操作人员更关注缓蚀剂对这些药剂效果的影响，而缓蚀剂的效果是长期体现的，因此其他药剂对缓蚀剂效果的影响往往被忽略。

由于海上油气生产平台空间有限，各种化学药剂注入点距离通常小于 50mm，在缓蚀剂评价过程中要充分考虑其他药剂对缓蚀剂效果的影响。

若能够获得现场油水样，室内评价缓蚀剂通常需要考虑如下内容：

① 在水浴中加热底部带放尽阀的油样桶盛装的现场油水样，按照比例混合均匀。

② 按照现场化学药剂注入的方式，采用微量注射器依次加入各种化学药剂，每加入一种化学药剂都要进行摇匀处理；若现场采用同一化学药剂注入管线加注两种化学药剂混合物，那么也需要按照比例混合后再加入油水样中。

③ 通过混合桶底部阀门放出试验用水样，采用高温高压釜进行缓蚀剂效果评价。

采用该种方法评价的最终腐蚀速率通常比直接采用实验室配水样评价的腐蚀速率低，主要是部分原油吸附于挂片表面起到了保护作用。

在缓蚀剂过程现场评价中，应采用电感探针或电阻探针连续监测腐蚀速率的变化，待腐蚀速率稳定后，再开始下一步工作。若腐蚀速率变化不稳定，应查明原因后再开始缓蚀剂现场试验。其中重点关注如下阶段：

a. 原先缓蚀剂的腐蚀速率。

b. 停注原先缓蚀剂的腐蚀速率。

c. 试验缓蚀剂"预膜阶段"腐蚀速率变化。注意：预膜阶段缓蚀剂效果可能比正常注入缓蚀剂时效果差。

d. 正常注入缓蚀剂时的腐蚀速率。

e. 批量加入杀菌剂对缓蚀剂效果的影响，特别是需要评价加注杀菌剂后的缓蚀剂效果恢复正常的时间。若超过 1 天，建议重新进行缓蚀剂预膜。

f. 在现场评价缓蚀剂过程中，应密切跟踪其他化学药剂的变化对缓蚀剂效果的影响。

第7章 海上油气田的阴极保护技术

随着海洋油气的进一步开发利用，海洋平台所处水域越来越深，海洋平台越来越大，结构越来越复杂。为了经济地开发油气，为工作人员工作及生活提供安全保障，腐蚀防护势在必行，当然要求也越来越高。考虑到水下防腐层的耐久性和维修涂层的难度，以及通过经济上的对比，现在建造的海上固定式导管架平台，全浸区的结构绝大多数都不采用防腐层保护，而仅依靠阴极保护来防止腐蚀破坏。阴极保护是防止钢结构被海水腐蚀的一种重要方法，阴极保护对海洋平台的保护效果，已被许多实践所证明，可以有效地延长海洋平台的寿命。阴极保护不但能抑制钢材的普遍腐蚀，而且如果电位控制得当，可以使钢材的疲劳值趋近于空气环境下的疲劳值。对于像节点这样的高应力部位和焊接热影响区，阴极保护能够防止可能促成疲劳裂纹的点蚀。阴极保护所产生的石灰质层可以填塞疲劳裂纹，降低裂纹的生长速度。下面介绍阴极保护技术在海洋油气生产系统中的应用。

7.1 阴极保护技术原理与标准要求

当金属最初浸入海水这种电解质中时，由于金属表面成分不均匀或存在其他方面差异（如氧浓度差、海水流速等），而在金属表面上产生许多局部的阳极区和阴极区，形成了腐蚀电池，阳极不断溶解而使金属遭到腐蚀。施加阴极保护，即在腐蚀电池上接上阳极，这样使原金属表面全部作为阴极，只要施加的电流足够大，原金属表面整个成为阴极，不再腐蚀溶解，因而得到保护，即称为阴极保护[39~41]。阴极保护根据提供电流的方式可分为外加电流法和牺牲阳极法。海洋平台的阴极保护，既可采用外加电流法，又可采用牺牲阳极法，甚至可以两类方法联合使用，要根据实际工程中不同的腐蚀环境和被保护体的特定工况条件及技术、经济综合考虑。

牺牲阳极法通过牺牲阳极材料提供电流来保护金属结构物。按照阳极材料牺牲阳极可分为三大类：镁阳极、锌阳极和铝阳极。镁阳极的特点是密度小，电位很负，对铁的驱动电压大，但电流效率低，溶解速度快，寿命短。镁阳极广泛用于土壤及淡水环境中金属设施的保护，因为镁的腐蚀产物无毒，因此也用于热水槽及饮水设备的内保护。因为镁阳极对铁的驱动电压大，所以镁阳极容易破坏其附近的涂层。另外，镁阳极与钢铁碰撞会产生火花，并且其溶解时有氢气析出，因此油轮内严禁使用镁阳极。锌阳极溶解性能好，电流效率高，保护效果可靠，因其容易制造、价格合理而得到了广泛应用。锌阳极尤其适用于油轮舱内，因为它与钢结构碰撞不产生火花。但使用锌阳极时，要注意环境介质温度，因为当温度超过 55℃ 时，阳极表面覆盖层的结构发生改变，从氢氧化锌改变为氧化锌，后者具有电子导电性，因而锌阳极的电位将随温度升高而变得更正，甚至比铁的保护电位还要正。在这种情况下，发生极性的转变，即锌或锌合金成为电偶中的阴极，这时不仅不能起到保护钢铁的作用，反而会加快钢铁的腐蚀。铝阳极的特点是：①理论产生电量大，可达 2970（A·h）/kg，是锌的 3.6 倍，是镁的 1.35 倍，铝阳极的价格是相对最便宜的，而且铝阳极更适合于制造长寿命阳极。②在海水及含氯离子的介质中，铝阳极性能良好，电位保持在 $-0.95 \sim -1.1V$（SCE），保护钢结构时有自动调节电流和电位的作用。③铝的来源充足，纯度高于 99.75% 时即可作为制造牺牲阳极的原料。④铝密度小，铝阳极安装方便。

牺牲阳极法的优点是不需要外部电源，后期维护少，性能可靠，没有过保护的危险。但缺点是驱动电压有限，不适宜用于电阻率较高的环境中，安装费用较高，阳极重量增加了平台负重，对环境有污染。外加电流法的优点是输出电压及电流可调，安装快速、费用低、寿命长，对环境污染小。其缺点是需要外部电源，后期维护多，如果设计不合理会有电流分配不均的风险。由于受技术条件的限制，我国目前对固定式导管架平台的保护一般采用牺牲阳极法。导管架平台由于所需保护面积大，采用牺牲阳极法需要牺牲阳极的数量极大，这样使平台的负重、平台钢结构承重的设计指标和额外费用增加，也使平台的应力腐蚀加剧，给平台造成潜在风险，而且牺牲阳极溶解产生的重金属离子会污染海洋生态环境。随着早期采用牺牲阳极保护的平台服役年限的增加，很多导管架平台已经接近甚至超出了当初阴极保护设计的使用年限，需要对这些平台的阴极保护系统进行延寿修复。对于较深水域的海洋平台，如果采用牺牲阳极修复技术，使用潜水员安装牺牲阳极的费用将远大于材料本身的成本。

外加电流法又称强制电流法，通过外加直流电源以及辅助阳极地床提供保护电流的阴极保护。与牺牲阳极法相比，外加电流阴极保护方法具有安装快速、安装费用低、产生电流大、输出电压及电流可调、阳极形状及尺寸可随意调整等优点，不会因为保护面积增加而增加对平台的负重，而且外加电流阴极保护系统在使用中没有重金属离子产生，污染少，是一种环境友好型的阴极保护技术，特别适用于中等深度水域和深水区域平台的阴极保护。但该方法需要能源或燃料供应，导线的安装失误可能导致部分或整个系统失灵，后期维护多。目前，国内对于深水平台外加电流阴极保护技术没有相关的研究报道，而采用国外导管架平台外加电流阴极保护产品的初始安装和后期维护费用都比较高。

阴极保护两种方法的比较见表 7-1。

表 7-1　阴极保护两种方法的比较

项目	牺牲阳极法	外加电流法
适用环境	海水、海泥	海水、海泥
电源配置	不需	需要外部电源
阳极消耗	消耗牺牲阳极本身，消耗速率大	以消耗电能为主，阳极消耗小
保护电流的可调性	阳极形状固定后不可调	可以调节
电位自身控制性	低	高
施工技术要求	较低，水下施工较困难	较高，可部分水下施工
施工量	较多	较少
后期维护	维护量少	维护量较多，技术要求高
建设的经济性	$10000m^2$ 左右两种方法费用持平，$10000m^2$ 以上外加电流法成本相对较低	
可维性	需要换阳极	以检测、预防机械损伤为主
使用寿命	一般最长 30 年；设计寿命越长，阳极质量越大	一般 20～30 年，30 年以上需检修
运行成本	较低	较高
工程投资	较高	较低
维修费用	较高	较低
环境影响	阳极溶解的重金属会污染海水	污染很小

阴极保护有效性评价一般采用电位标准，即在合理保护区间内阴极保护是有效的，亦即有最正保护电位和最负保护电位的要求。高于最正保护电位时被定义为保护不足或欠保护，可能存在腐蚀的风险；而低于最负保护电位时被定义为过保护，即可能造成涂层剥离或钢的氢脆问题。测试电位时，需要用到参比电极，考虑到参比电极在海水中的稳定性，常用的海洋参比电极为 Ag/AgCl/海水电极和高纯锌参比电极。采用不同的参比电极所得到的电位标准是不一样的，但是二者之间一般相差一个固定的数值，当然也可能存在电位飘移的问题，使用时需要相互校准。电位标准更详细的解释如图 7-1 所示。

下面列出了国内外关于海洋金属结构物阴极保护电位的系列标准，并对标准中关于保护电位的规定进行了总结，如表 7-2 所示。

图 7-1 阴极保护电位标准解释

表 7-2 海洋阴极保护电位标准的统计

编号	电位准则/V		参考标准
	Ag/AgCl/海水	锌/海水	
1	−0.80 ~ −1.05	0.25 ~ 0	GJB 156A—2008
2	≤−0.80（有氧环境） ≤−0.90（无氧环境）	≤0.25（有氧环境） ≤0.15（无氧环境）	NACE SP0176—2007
3	−0.80 ~ −1.10（有氧环境） −0.90 ~ −1.10（无氧环境）	0.25 ~ −0.5（有氧环境） 0.15 ~ −0.5（无氧环境）	DNV RP B101—2007 ISO 12473—2006 ISO 15589-2—2004 BS EN 13173—2001
4	电位比−0.80 更正为欠保护 电位比−1.15 更负为过保护		DNV RP B401—2011

DNV RP B101—2007 Corrosion protection of floating production and storage units;

DNV RP B401—2011 Cathodic protection design;

DNV RP F103 Cathodic protection of submarine pipelines by galvanic anodes;

ISO 12473—2006 General principles of cathodic protection in sea water;

ISO 15589-2—2004 Petroleum and natural gas industries-Cathodic protection of pipeline transportation systems-Part 2: Offshore pipelines;

NACE SP0176—2007 Corrosion control of submerged areas of permanently installed steel offshore structures associated with petroleum production；

BS EN 13173—2001 Cathodic protection for steel offshore floating structures；

GJB 156A—2008 港口设施牺牲阳极保护设计和安装；

GJB 157A—2008 水面舰船牺牲阳极保护设计和安装。

目前国内尚无平台设施的阴极保护标准。

从统计结果可以看出，标准对最正保护电位的规定是一致的，但是对最负保护电位的规定有分歧，国内的军用标准相对保守，而国外的标准对最负保护电位的规定基本集中在 −1.1V（相对于 Ag/AgCl/海水电极）[42~50]。

7.2　导管架阴极保护技术应用与优化

导管架牺牲阳极阴极保护系统和涂层的联合保护是导管架及其他水下金属结构外防腐的首选措施[51]。但随着平台运行年限的增长，导管架外部涂层基本遭到完全破坏，而牺牲阳极阴极保护系统成为唯一外腐蚀控制措施。国内外有些平台在达到设计寿命后对导管架结构做延寿评估后仍在服役，国内部分 20 世纪 90 年代初期建设的海油平台最长服役寿命已经达到或超过 20 年。而超设计年限服役的平台牺牲阳极阴极保护系统还未做系统的评估，仅每隔 2~3 年通过 ROV 水下电位检测来评价阴极保护运行状况，或者在平台上安装阴极保护监测系统（CPMS），实时监测电位的变化。

ROV 水下检测和 CPMS 监测能够初步评价其所监检测区域的阴极保护有效性，但因各自存在的局限性，导致导管架其他区域不能得到很好的评价。如：由于结构的限制，ROV 很难进入导管架中心区域进行检测；在浅水区域，受到波浪涌动的影响，ROV 检测也受限。另外，ROV 检测每隔 2~3 年才会进行一次，期间阴极保护的状况及其效果是未知的。当然，CPMS 监测能很好地弥补 ROV 检测的这一缺点，但是 CPMS 监测点的数量却是有限的。总的来说，ROV 检测和 CPMS 监测数据不能评价整个平台阴极保护当前的状态。当前导管架的阴极保护状态，特别是阴极保护的有效性及牺牲阳极的剩余寿命备受关注。

阴极保护电位分布理论上属于电位场问题。随着电位场问题数值计算方法的发展，该方法也被用于解决阴极保护系统中的电位场分布问题，从而获取被保护金属结构物表面的电位和电流密度分布状况。这种阴极保护系统的数值模拟技术已经在国外地下长输管道、海上石油平台、海上船只上得到了很好的应用，并开发了一些专业软件。在海洋阴极保护的设计、评价和优化改造中发挥重要的作用。计算得到的金属结构物上阴极保护的电位和电流密度分布可以很好地用来评价阴极保护效果，优选保护方案，预测牺牲阳极的剩余寿命。

7.2.1 基于数值模拟技术的阴极保护有效性评价方法

7.2.1.1 海洋阴极保护有效性评价标准

参照国内外的一些标准，列出了标准中对保护电位的要求，如表 7-2 所示。对于碳钢来讲，最正保护电位的规定值是一致的，最负保护电位稍有差异，通常的保护电位范围为 $-0.8 \sim -1.1V$（相对于 Ag/AgCl 参比电极）。

7.2.1.2 数值模拟技术评价阴极保护有效性

数值模拟中，控制方程和数值计算方法往往比较固定，模拟结果是否得当主要取决于模型以及边界条件的准确性。

数值模拟中需要获取的模型参数包括：

① 牺牲阳极和导管架以及其他结构物的几何形状及位置。其中，牺牲阳极的几何尺寸与当前的消耗状况有关，可根据外观观察或几何尺寸测量法来判断当前的消耗状况，从而确定牺牲阳极的当前尺寸。

② 海水的电阻率或电导率。

除几何模型外，数值模拟中还需要获取准确的边界条件，包括：

① 牺牲阳极的极化边界条件，可以根据 ROV 测试的结果给定恒电位作为边界条件，也可以采用牺牲阳极的极化边界条件作为边界条件。

② 导管架及其他金属结构物（如沉箱、隔水套管、泵护管等）的极化边界条件。其中，海洋金属结构物极化的行为主要受到材质、海水特性、涂层状况、钙质层、水流、溶解氧、海生物清理、水污染、太阳照射等多种因素的影响。对于使用寿命达到 20 年的老平台而言，导管架等结构的材质一般为碳钢，涂层已遭到完全破坏。对于同一海域来说，这些因素中对边界条件影响较大的是钙质层以及与水深相关的因素（水流、溶解氧、海生物清理、水污染等）。钙质层的形成是由于金属结构物表面受到阴极保护，表面生成的氢氧根离子，海水中的钙、镁离子和溶解氧发生反应，生成以碳酸钙和氢氧化镁为主的保护层。钙质层的生成可以降低保护电流密度，对阴极保护系统是有益的。钙质层的形成厚度受到多种因素的影响，在不同阴极保护电位下也是不一样的。在阴极保护设计中设计较高的初始极化电流密度就是为了形成较好的钙质层，从而降低中期或平均电流密度，延长阴极保护寿命。由于受到钙质层的影响，在极化达到稳态时，结构物的极化行为符合反 S 形曲线。考察钙质层的影响，最主要的就是获取适当的反 S 形曲线。水流、溶解氧、海生物清理、水污染、太阳照射等，这些因素均与水深有关，一般综合在一起考察。如 DNV 标准将 $0 \sim -30m$ 归为一挡，$-30 \sim -100m$ 归为一挡。

数值模拟中边界条件的获取方法包括：

① 基于现场的监/检测数据，包括电位、电流以及阳极形状的测定；

② 基于参考文献报道，包括其他研究人员的实践经验以及理论分析；

③ 基于标准规定参数，即标准规定的一些数值；

④ 基于实验室的测试，在实验室中模拟现场环境，对在现场不便于测试的数据进行测定。

数值模拟模型根据现场检测数据的校正很有必要，校正的方法包括：

① 可以使用阳极消耗数据来估算总的结构物整个寿命期内的阳极失重和平均电流密度；

② 使用阳极电位测试来校正施加到阳极上的极化曲线，如采用极化曲线作为边界条件；

③ 使用阳极表面电位场梯度来检查单个阳极输出，保证模拟与检测一致；

④ 采用结构物上的电位测试数据来保证模拟与检测结果一致。

数值模拟方法中，除了能得到被保护结构物上的电位分布和电流密度分布外，还可以得到牺牲阳极的输出电流及其电位分布。运用数值模拟得到的阳极输出电流，可通过如下公式预测阳极的剩余寿命：

$$每年的阳极消耗量＝阳极输出电流×阳极消耗率×1 年$$

$$剩余寿命＝（阳极当前消耗率－利用因子）×阳极初始质量/每年的阳极消耗量$$

在牺牲阳极阴极保护系统中，平台导管架等结构物可能因为某些原因得不到足够的阴极保护电流而出现欠保护的现象，可能的原因包括：

① 随着牺牲阳极的消耗，阳极尺寸会减小，导致其输出电流降低，导致结构物得不到足够的阴极保护；

② 阳极消耗完，无输出电流，导致结构物得不到阴极保护；

③ 牺牲阳极布置不合理，导致局部得不到保护；

④ 由于被保护结构物过于集中而出现电流屏蔽效应；

⑤ 结构间的电连接性较差。

结构物处于欠保护状态时，由于海水具有强腐蚀性，平台将存在高腐蚀风险。为此，对阴极保护系统的及时改造是有必要的。

数值模拟技术可以模拟牺牲阳极施加后的阴极保护效果，从而可通过调整阳极的数量和位置，不断重复该过程，从而得到最优化的结果，这种优化的结果包括：

① 整个区域在整个设计寿命内都能得到合理的阴极保护；

② 获取均匀的阳极消耗速率，保证整体寿命达到要求，以避免由于某些阳极消耗过快而带来的再次修复。

在优化改造的过程中，要考虑原牺牲阳极阴极保护系统中原有牺牲阳极的失重量以及对应的阳极尺寸的变化。模拟可以确定新、旧和混合阴极保护系统的长期效果，例如确定单个阳极在什么时候达到它的利用因子，以及之后的效果。利用数值模拟优化改造的好处包括：降低改造需求、节省费用、获得较好的阴极保护电流分布、降低阳极的数量、寿命最大化。潜在的好处还包括预测阴极保护检测频率，并提出改造需求的规划，从而节省了未来不必要的检测费用。

7.2.2　基于数值模拟技术的阴极保护有效性评价结果

7.2.2.1　平台导管架数值模拟模型的建立

根据设计和施工图纸，以及 ROV 的检测结果，获得的相关几何模型参数列入表 7-3 中，根据参数建立的几何模型如图 7-2 所示。

表 7-3　各平台阴极保护系统信息统计

所在平台具体参数	平台1#	平台2#
阳极类型	铝基牺牲阳极	铝基牺牲阳极
阳极初始尺寸/mm	194×215×2850	206×206×2438
铁芯直径/mm	$\varphi 102$	$\varphi 114$
阳极初始净重/kg	255.8	222.3
阳极个数	1132	348
距导管架距离/mm	305	305
平台使用年限/a	22	18
最近一次 ROV 检测	2012 年	2012 年
阴极保护状况 ROV 评价结果	良好	良好
阳极消耗因子	部分消耗为 0.5，部分为 0.2，模拟选择 0.5	

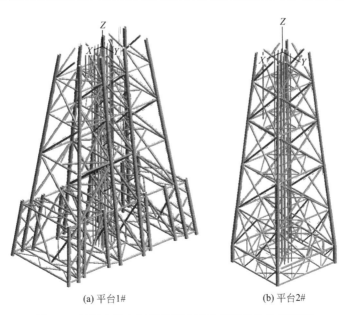

(a) 平台1#　　　　　(b) 平台2#

图 7-2　某两个平台导管架等水下金属结构物几何模型

对于结构物的边界条件，根据标准和前人的经验，南海阴极保护中期平均电流密度选择为 $30mA/m^2$。考虑到水流、溶解氧、海洋生物清理、水污染等与水深有关的影响因素，在原平均电流密度的基础上增加 50% 来考虑。

对于牺牲阳极的边界条件，结合 ROV 现场测试结果和参考文献调研结果选择其开路电位为 $-1050mV$（Vs. Ag/AgCl），根据实验室中的测试结果，得到牺牲阳极电流密度每增加 $1A/m^2$，电位变化为 $30mV$ 的变化率，以此作为牺牲阳极的边界条件。

平台所在海域的电导率约为 $4.05S/m$，数值模拟中采用了该电导率数值。

7.2.2.2 阴极保护有效性评价及牺牲阳极剩余寿命预测

通过数值模拟计算得到平台 1# 上的电位分布及预测的牺牲阳极剩余寿命如图 7-3 所示。由图可见，在平台的上部中间区域结构物的保护电位明显正于 $-800mV$（Vs. Ag/AgCl），处于欠保护状态，该区域的牺牲阳极消耗到 0.9 利用因子的剩余寿命还能达到约 6 年，但在此之前阴极保护已经失效。该平台导管架的其余区域处于良好的阴极保护状态中，牺牲阳极的剩余寿命相对较高，最大仍能使用 30 年以上。造成这种现象的原因有两个：①牺牲阳极的布置方式不合理，局部区域阳极数量偏少；②上部中间区域结构物密集，存在电流屏蔽效应。

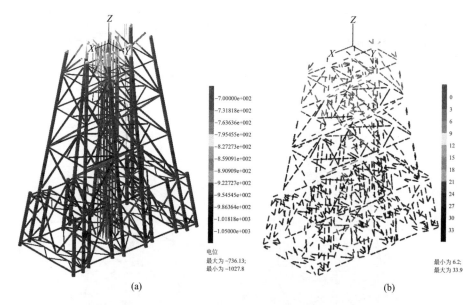

图 7-3　平台 1# 数值模拟电位分布及牺牲阳极剩余寿命

比较数值模拟结果与 ROV 和悬臂法的测试结果，如图 7-4 所示。悬臂法测试区域靠近上部中间的结构物密集区，而 ROV 测试受海浪和导管架结构的影响，其测试区域分布在导管架的四周。由图可见，ROV 显示保护电位处于正常阴极保护标准区间，而悬臂法测量和数值模拟结果均表明部分区域处于欠保护状态，而这部分区域正好是 ROV 未能测试的区域，即存在测试盲点。悬臂法和数值模拟结果规律显示一致，但也存在一定的差距，可能是测试误差或受结构物间的电连接性的影响。

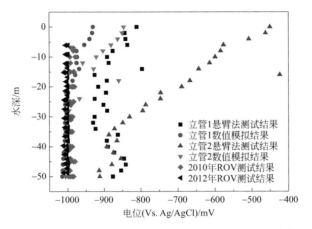

图 7-4　平台 1♯上的模拟结果与 ROV 和悬臂法测试结果的比较

通过数值模拟计算得到平台 2♯上的电位分布及预测的牺牲阳极剩余寿命，如图 7-5 所示。由图可见，在平台的中上部区域结构物的保护电位负于 -800mV，整个平台处于有效保护状态，该区域的牺牲阳极消耗到 0.9 利用因子的剩余寿命约为 6 年，但牺牲阳极消耗率在达到 0.9 利用因子之前，阴极保护已失效，如图 7-6 所示。当前，该平台导管架处于良好的阴极保护状态中，牺牲阳极的剩余寿命差异较大，最大仍能使用 20 年以上。造成这种差异的原因与平台 1♯类似。

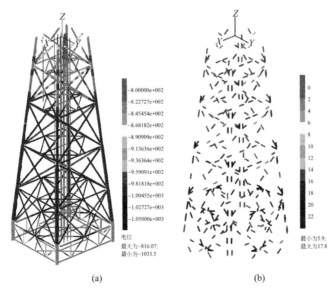

图 7-5　平台 2♯数值模拟电位分布及牺牲阳极剩余寿命

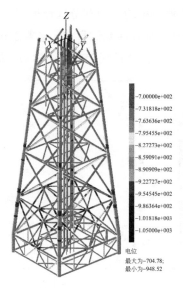

图 7-6　平台 2♯牺牲阳极消耗因子为 0.9 时的数值模拟电位分布

比较数值模拟结果与 ROV 和悬臂法的测试结果，如图 7-7 所示。由图可见，三者的数据一致性较好，但由于数值模拟结果和悬臂法与 ROV 的测试区域的不同，结构物密集区域往往电位偏正，而该区域 ROV 难以进入，可以采用数值模拟计算或悬臂法测试予以弥补，以做更为合理的阴极保护有效性评价。

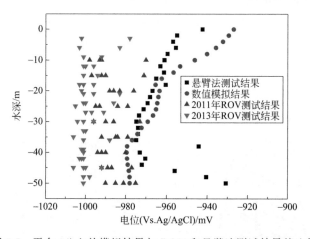

图 7-7　平台 2♯上的模拟结果与 ROV 和悬臂法测试结果的比较

7.2.3　基于数值模拟技术的优化改造

7.2.3.1　优化改造的要求

根据数值模拟的结果和悬臂法测试结果，判断平台 1♯的欠保护区域集中在该平台导管架的中上部区域，即隔水套管所在的密集区域。根据对该平台牺牲阳极剩余寿命的评估结果，牺牲阳极消耗到利用因子 0.9 时的剩余寿命最短为 6 年，且这些阳极基本位于隔水套管附近。新加阳极后，最短寿命为 6 年的阳极输出电流会降低，寿命可提升到 10 年，故而选择 10 年的设计寿命是合理的。此时，假设单个阳极的输出电流为 3A，设计 10 年的寿命，需要的阳极总质量应大于 117kg，选择原始质量为 141.6 kg 的梯形牺牲阳极进行优化改造，阳极尺寸为 (170＋190)mm×175mm×2050mm。根据欠保护区域的结构物分布及其需要提供阴极保护的面积，初步制定如表 7-4 所示的改造方案。

表 7-4　初步制定的改造方案

方案编号	阳极个数	简单描述
1	12	设计 12 支阳极，均固定在导管架上
2	18	设计 18 支阳极，均固定在导管架上
3	18	设计 18 支阳极，6 支固定在导管架上，12 支固定在隔水套管上
4	12	设计 12 支阳极，均固定在隔水套管上
5	12	在方案 4 的基础上，优化调整阳极的位置
6	12	在方案 4 的基础上，继续优化调整阳极的位置
7	14	在方案 6 的基础上，多加 2 支阳极，固定在导管架上

7.2.3.2　改造方案保护效果的数值模拟与方案优选

比较几个方案的模拟结果，如表 7-5 所示。根据模拟结果判断，较好的为方案 6。因为方案 6 需要将牺牲阳极固定在隔水套管上，如果不能实现，可考虑采用方案 2，牺牲阳极全部安装在导管架上。

表 7-5　平台 1#阴极保护优化改造方案优选

方案编号	新加阳极			原阳极最短寿命/a		牺牲阳极利用率是否能达到 0.9
	个数	寿命/a		改造前	改造后	
		最小值	最大值			
1	12	7.6	15.8		8.1	否
2	18	9.3	20.0		8.7	是
3	18	15.7	21.2	6.2	9.3	是
4	12	13.8	17.5		8.8	是
5	12	13.4	15.4		9.0	是
6	12	12.8	14.8		9.2	是

7.3 海底管道及水下设施的阴极保护

7.3.1 海管及其阴极保护系统

海管往往采用双层管结构，为预防外管海水腐蚀，外部采用涂层和牺牲阳极的联合保护方式。如某海管管体采用厚度为 0.711mm 的熔结环氧粉末涂层，管接头（即管道焊接接头处，长约 991mm）采用聚乙烯热收缩套防腐。该海管牺牲阳极原始阴极保护系统的设计信息如下：

（1）设计参考标准

① Nace Standard RP-06-75，"Recommended Practice，control of Corrosion on Offshore Steel Pipelines"，1975。

② Veritas Offshore Standard RP B401，"Recommended Practice，Cathodic Protection Design"，1986。

（2）设计目标　结合海管运行状态和牺牲阳极阴极保护系统的使用环境，对外部套管阴极保护设计选择的参数如下：

① 系统设计寿命：10 年。

② 海水电阻率：22Ω·cm。

③ 海泥电阻率：110Ω·cm。

④ 裸钢在海水中的最高温度：20℃。

⑤ 裸钢在海水中达到阴极保护所需的最低电流密度：$172.2mA/m^2$。

⑥ 裸钢在海泥中达到阴极保护所需的最低电流密度：$26.9mA/m^2$。

⑦ 套管在整个服役期间涂层平均破损率：5%（基于 DNV 标准）。

⑧ 设计使用铝合金阳极性能参数，见表 7-6。

表 7-6　管线外部套管阴极保护设计使用阳极材料化学性能

材料	环境介质	开路电位/V	电流存量/(A/kg)	消耗率/[kg/(A·a)]
Al-Zn-In	海水	− 1.0 ~ − 1.1[①]	2300 ~ 2650	3.3 ~ 3.8
Al-Zn-In	海泥	− 0.95 ~ − 1.05[①]	1300 ~ 2300	3.8 ~ 6.7

① 电位相对于银/氯化银参比电极(SSC)，以下电位均相对于此参比电极。

（3）阴极保护电流密度确定　综合上述的设计目标，确定满足目标时的电流密度需求，但考虑到套管的温度会受到内管运送介质的影响，参考温度每升高 1℃，阴极保护电流需求量增加 $2mA/m^2$，同时考虑施加阴极保护一段时间后，管线表面会出现的钙质层沉积层，电流需求量降低，据此确定不同时期电流密度需求量，如表 7-7 所示。

表 7-7　设计需求电流密度

套管直径/mm	设计需求电流密度/(mA/m²)		
	初始	平均	最终
406. 4	172. 2	70. 0	90. 4

（4）确定牺牲阳极参数及安装　综合上述设计要求和目标，确定阳极的用量。同时，结合安装方便、电流分布均匀等因素，最终确定使用镯式阳极，为了尽可能不对涂层造成破坏，阴极在单节管体连接处固定。阳极尺寸及安装距离如表 7-8 所示。在靠近任何一方平台的 122m 内，每隔 61m（5 节管道）安装一支阳极，通过阳极内的铁芯焊接到管壁上。

表 7-8　用于管线阴极保护镯式阳极安装参数

管线外径/mm	阳极质量/kg	阳极尺寸		
		厚度/mm	长度/mm	安装间距/m
406. 4	25. 9	25. 4	317. 1	122(10 节管道)

除此之外，海管与两侧的膨胀弯及立管通过法兰连接，实物图见图 7-8，设计时海管与两侧的膨胀弯通过法兰电连接在一起，内、外管之间通过隔水环电连接在一起。故而在分析海管阴极保护状况时，应考虑膨胀弯和立管及其阴极保护系统的状况，查看立管和膨胀弯设计图可以看出，每个膨胀弯上各有 4 支与海管相同的镯式阳极，立管上无阳极。

综上，某海管及膨胀弯和立管上的初始阴极保护设计共布置了 49 支镯式牺牲阳极（某海管上布置 41 支阳极，海管两端膨胀弯各布置 4 支阳极），某海管、膨胀弯和立管及牺牲阳极分布如图 7-9 所示。

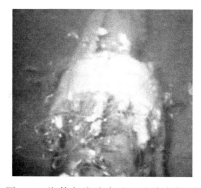

图 7-8　海管与膨胀弯法兰连接实物图

图 7-9　原始设计的某海管及牺牲阳极分布图

7.3.2 某海管及其阴极保护系统定期 ROV 检测及效果分析

基于获取的历年 ROV 检测报告，摘取与某海管及其阴极保护系统相关的数据进行统计，统计结果见表 7-9，示例详见图 7-10～图 7-17，统计内容分类包括：

① 海管及涂层完整性 总结历年来某海管完整性状况及横跨状况（海水或海泥中），法兰（海管与膨胀弯接头）完整性，以及管体涂层和管接头（即焊接接头）处涂层状况。

表 7-9 海管及其阴极保护系统 ROV 检测结果（源自报告）

检测时间	检测项目			
	海管及涂层完整性	海管保护状况	阳极检测状况	维修历史
2003 年	海管完好，部分管段横跨，海管两侧法兰均完好，部分管道接头（即焊接接头）处包覆层受损	检测的 1 处金属刺穿电位为-994mV	调查的 5 支阳极电位在 -1033～-1010mV 之间，所有检测的阳极观测到损耗在 40%～70% 之间（阳极未作评级）	无
2005 年	海管完好，部分管段横跨，法兰处于良好工作状态，15 个管道接头的包覆层受损	起点和终点法兰电位分别为-978mV/-978mV 和-1025mV/-1017mV	调查了 49 支阳极，每隔 3 支阳极测试 1 次电位，阳极电位在-979～-1030mV 之间，大多数阳极消耗了 40%～60%（未作评级），KP3.06/4.804 两处消耗超过 80%	无
2009 年	海管处于良好状态，多数管道部分被埋入海床中，部分接头包覆层受损	KP3.050 处的管夹结构的电位为-1035mV，KP4.805 处的管夹结构的电位为-984mV	测试了 43 支牺牲阳极（包括 2 支新阳极），阳极刺穿电位在-1005～-1035mV 之间。KP2.201 处的阳极已损坏。观察和估计所检测的阳极消耗了 25%～75%，有 14 支阳极消耗了 50%～75%（未作评级）	2009 年前新增 2 支块状阳极（KP3.050 和 KP4.805 处），管夹机械安装
2011 年	海管处于良好状态，大部分管段部分被埋入海床中，KP0.373 和 KP0.507 两处管道接头包覆层松开	无	所有阳极显示良好，检测了 50% 的阳极，工作电位在-1005～-1030mV 之间，阳极消耗达到 C 级（剩余 50%～79%）的有 3 支，分别在 KP4.272、KP4.515 和 KP4.723 处。达到 D 级（剩余 50% 以下）的有一支，在 KP4.638 处	无

检测时间	检测项目			
	海管及涂层完整性	海管保护状况	阳极检测状况	维修历史
2013 年	海管状况良好，沿线有多处跨越	无	调查了海管上 33 支牺牲阳极，测试了 19 支阳极的工作电位，处于 −990 ~ −1042mV 之间。8 支阳极消耗达到 C 级，25 支阳极处于 B 级	在 KP4.332 和 KP4.524 各安装了 1 块状牺牲阳极，采用管夹机械安装
2015 年	海管总体状况良好，大部分管道埋入海床，管道包覆层在 KP1.222 和 KP0.324 两处有损坏，管道共有 17 处跨越	无	测试的牺牲阳极工作电位处于 −820 ~ −1051mV 之间，其中 KP2.562 处的阳极工作电位异常。测试的 12 支阳极均处于 C 级，同时有另外 15 支阳极受损	无

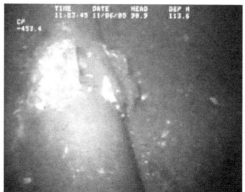

图 7-10　管道起点和终点法兰状况示例

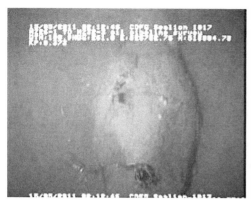
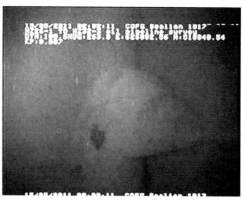

图 7-11　管道接头包覆层损坏示例

第 7 章　海上油气田的阴极保护技术

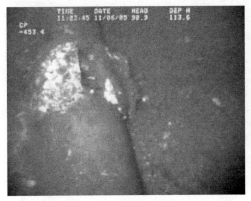 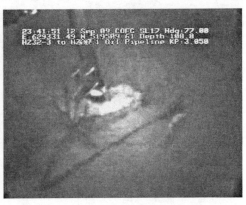

图 7-12　牺牲阳极消耗示例　　　　　　图 7-13　2009 年前新加阳极块
　　　　　　　　　　　　　　　　　　　　　　（KP3.050）及电位测试

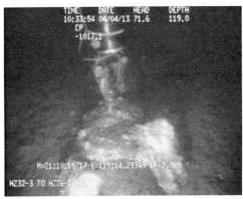 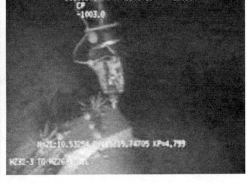

图 7-14　测试管夹保护电位示例（KP0.622 和 KP4.799）

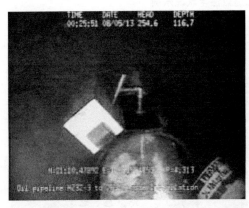 

图 7-15　2013 年 ROV 安装牺牲阳极

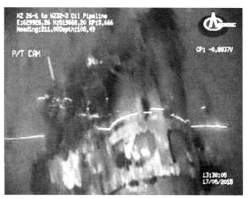

图 7-16 C级阳极（KP2.806）和受损阳极（KP3.666）示例（2015年）

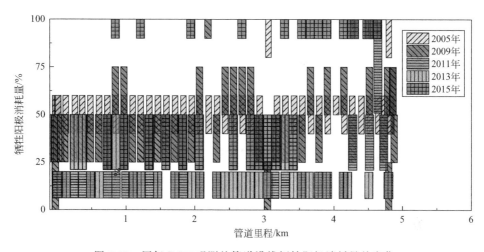

图 7-17 历年 ROV 观测的管道沿线牺牲阳极消耗量的变化

② 海管保护状况 总结历年来检测到的海管及其附属结构（法兰、阳极管夹）的保护电位，初步判断保护效果。

③ 牺牲阳极工作状况 统计历年来牺牲阳极检测数据、工作电位和消耗状况。

④ 维修历史 统计历年来海管和牺牲阳极的变更状况。

2005～2015 年间，ROV 水下作业观测的某海底管道沿线牺牲阳极消耗状况如图 7-17 所示。由图可见，观测法预估牺牲阳极消耗量的变化数值在局部位置处显示分散性较大。但总体而言，前半段阳极消耗少（0～3km），后半段（3～4.837km）阳极消耗较大。

外观观察法查看阳极消耗状况时，阳极破坏或消耗完即达到接近 100% 消耗量，能够清晰分辨。受方法本身对其他百分比直观判断的局限性，都会存在一定的误差，是造成较大分散性的原因。

2005～2015 年间，ROV 检测到的牺牲阳极工作电位绘入图 7-18 中。由图可见，处于 KP2.562 附近的牺牲阳极工作电位在 2005 年和 2009 年的测试结果显示正常，达到了比－1000mV 更负的数值，在 2015 年突变为－820mV，显示异常。其余所测试的牺牲阳极工作电位基本处于－1000～－1050mV 之间，随时间的变化较小，显示工作状态良好。

2005 年、2009 年、2011 年、2013 年和 2015 年测试的牺牲阳极平均工作电位分别为－1011mV、－1018mV、－1019mV、－1029mV 和－1039mV（未考虑 KP2.562 处的牺牲阳极工作电位为－820mV，考虑该牺牲阳极时的平均电位为－1021mV），整体平均电位约为－1020mV，在阴极保护系统评价中采用了这一电位作为牺牲阳极的工作电位。

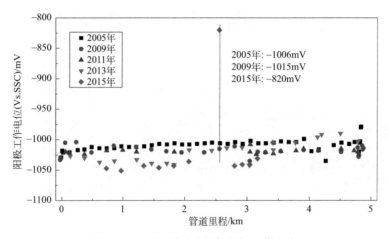

图 7-18　ROV 测试的牺牲阳极工作电位

关于某海底管道保护电位的测试结果有限，有记录的测试结果信息如下：

① 2003 年检测的金属刺穿电位为－994mV；

② 2005 年检测管道终点法兰处测试到的电位为－978mV/－978mV，起点法兰电位为－1025mV/－1017mV；

③ 2009 年检测 KP3.050 处的管夹结构的电位为－1035mV，KP4.805 处的管夹结构的电位为－984mV。

从测试结果来看，管道保护电位基本维持在－990mV 左右或更高，达到了标准要求，即最低保护电位达到－800mV 的要求，且保护电位数值相对稳定。

综上，ROV 检测报告给出了历年来检测获得的海管及涂层完整性、海管保护状况、牺牲阳极工作状况和维修历史，基本明确了海管及阴极保护系统的变化历程，但是历年来统计获得的阳极消耗状况存在很大的分散性，需要通过 ROV 检测录像校核。

对近几次 ROV 检测录像（2009 年、2011 年、2013 年和 2015 年）重新观察，从统计结果来看，历年 ROV 录像统计显示，由于机械破坏等导致丢失阳极块，实际受损（D 级或以下）的阳极块损坏达到 22 支，统计结果如下：

① 41 支管道阳极中有 1 支为 B 级，22 支为 C 级，18 支为 D 级或以下。

② 4 支管道后加块状阳极：3 支未找到，1 支 2009 年显示为 B 级。

③ 4 支入口端膨胀弯镯式阳极：4 支阳极均处于 C 级。

④ 4 支出口端膨胀弯镯式阳极：4 支阳极均已耗尽或接近耗尽。

阳极块分布及其受损情况统计如图 7-19 所示，由图可见，受损的阳极块主要集中在 3 km 以后，3 km 以前多数阳极块消耗达到 C 级。

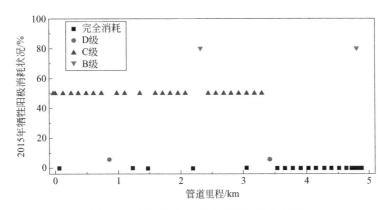

图 7-19 某海管阳极块及受损情况分布图

7.3.3 阳极块更换方案设计

7.3.3.1 牺牲阳极选型

（1）牺牲阳极材料 在海洋阴极保护设计中，牺牲阳极材料会直接影响到阴极保护效果和整个阴极保护系统的寿命。由于冶炼技术等因素限制，最初作为海洋环境下阴极保护的牺牲阳极材料是锌基或镁基合金。由于锌基、镁基合金阳极用在海水介质中存在驱动电位不足或反应难以控制等，逐渐被铝基合金阳极所取代。

随着在海洋阴极保护中对牺牲阳极的要求不断提高，以及阳极冶炼技术的进步，从第一代适用于海洋环境下阴极保护的铝基牺牲阳极出现至今，铝基牺牲阳极在性能方面又有过两次重大的改进，在业内分别被命名为 GALVALUM® Ⅱ 和 GALVALUM® Ⅲ。其中，第一代的研究设计主要是为取代锌基、镁基合金在海洋环境下的应用。开发第二代是为了牺牲阳极能在海底厌氧环境下发挥较好的阴极保护作用。第三代铝基合金阳极综合了前期产品的优势，同时控制了汞的含量，降低了牺牲阳极溶解对环境造成的影响。某海管原阴极保护系统设计采用了

GALVALUM®Ⅲ型铝基牺牲阳极，考虑到新更换阳极与原有阳极的匹配性，新设计中也采用GALVALUM®Ⅲ型铝基牺牲阳极，即阳极材料为铝-锌-铟系合金。

国际上对海洋条件下所选用的铝基牺牲阳极的化学组成、电化学性能也有特殊的规定。这些标准包括国际标准（ISO 15589-2—2012）、挪威船级社标准（DNV RP B401—2011）、欧洲标准（BS EN12496）、NACE标准［SP 0176—2007（formly RP0176）］以及我国标准（GB/T 4948—2002）。上述标准的评价测试方法主要引用了挪威船级社的测试标准，具体的量化方面也有各自的标准。国际标准、挪威船级社标准里对海洋环境下使用的铝基合金牺牲阳极的化学组分的规范如表 7-10、表 7-11 所示，二者要求非常接近，建议采用国际标准（ISO 15589-2—2012）规定的铝基合金牺牲阳极材料化学组分来制造。

表 7-10　国际标准（ISO 15589-2—2012）铝基合金牺牲阳极材料化学组分的规范

化学组分	质量分数	
	最小值/%	最大值/%
Zn	2.5	5.75
In	0.016	0.04
Fe	—	0.09
Si	—	0.12
Cu	—	0.003
Cd	—	0.002
其他	—	0.02
Al	剩余	

表 7-11　挪威船级社标准（DNV RP B401—2011）铝基合金牺牲阳极材料化学组分的规范

化学组分	质量分数/%
Zn	2.5～2.75
In	0.015～0.04
Fe	≤0.09
Si	≤0.12
Cu	≤0.003
Cd	≤0.002
Pt	不适用
Al	剩余

根据标准将牺牲阳极所含微量元素控制在特定范围内，由于牺牲阳极的性能不仅受微量元素变化的影响，还受冶炼工艺的影响。因此，在上述标准中对海洋

阴极保护设计使用铝基合金牺牲阳极的电化学参数也有相应规范，表7-12为国际标准，表7-13为NACE标准，表7-14为挪威船级社标准，表7-15是我国制定的标准。对比来看，各标准对牺牲阳极的性能要求有差异，其中我国标准（GB/T 4948—2002）的要求更为全面和严格，在设计中推荐参照国标的现行规定，对厂家提供阳极材料的性能进行要求。

表7-12 国际标准（ISO 15589-2—2012）铝基合金牺牲阳极材料电化学性能规范

阳极类型	阳极服役环境温度/℃	浸没在海水中		埋入海泥中	
		电位(Ag/AgCl/海水)/mV	电容量ε/(A·h/kg)	电位(Ag/AgCl/海水)/mV	电容量ε/(A·h/kg)
铝基牺牲阳极	≤30	−1050	2000	−1000	1500

表7-13 NACE（SP 0176—2007）铝基合金牺牲阳极材料电化学性能规范

阳极材料	电容量/(A·h/kg)	消耗率/[kg/(A·a)]	电位（Ag/AgCl/海水)/V
Al-Zn-In	2290~2600	3.8~3.4	1.05~1.10

表7-14 挪威船级社标准（DNV RP B401—2011）铝基合金牺牲阳极材料电化学性能规范

阳极材料	环境介质	电容量/(A·h/kg)	闭路电位（Ag/AgCl/海水)/V
铝基牺牲阳极	海水区	2000	−1.05
	海泥区	1500	−0.95

表7-15 国标（GB/T 4948—2002）中铝基合金牺牲阳极材料电化学性能规范

项目	开路电位(SSC)/V	工作电位(SSC)/V	实际电容量/(A·h/kg)	电流效率/%	消耗率/[kg/(A·a)]	溶解状况
电化学性能	−1.18~−1.0	−1.12~−1.05	≥2400	≥85	≤3.65	产物容易脱落，表面溶解均匀

（2）牺牲阳极形式 在海洋工程牺牲阳极保护系统的设计时，针对保护对象或保护范围不同，同时兼顾施工的简易性、经济性等因素，牺牲阳极被设计成不同的形式。常用的牺牲阳极形式包括块状阳极、镯式阳极、雪橇式阳极、垫子式阳极、卡箍式阳极和豆荚式阳极。上述种类的牺牲阳极各有优缺点，使用时需要结合实际工况选择合适的牺牲阳极形式。

① 块状阳极 块状阳极广泛用于船舶、压水舱、海洋平台导管架、港口码头等海洋大型结构设施的阴极保护，其基本结构如图7-20所示，截面通常为梯形，中心铸有镀锌扁钢或钢管，通过两端的铁脚与结构物连接。块状阳极形状简单，标准化程度高，易于制造，且利用率高达90%，能够基于尺寸和数量变化满足不

同区域、不同大小的电流需求。常规的施工大多在入水前将块状阳极与结构物焊接连成一体，更换设计中可考虑通过机械连接的方式完成与海管的电连接。

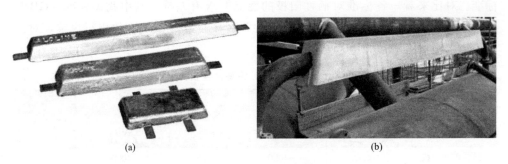

图 7-20　块状阳极形式及安装效果图

② 镯式阳极　镯式阳极主要用于具有良好防腐层的油气井或输油气管道，如图 7-21 所示。镯式阳极采用紧固器扣在管道上，通过两片半环间的阳极芯与管道焊接在一起。镯式阳极可以保证发射电流在管道长度方向上均匀分布，相对于块状阳极，镯式阳极的浇注和安装工艺都较为复杂，其中海洋管道镯式阳极安装涉及内容包括焊接资格审查、阳极芯焊接、导线铝热焊、焊接区防腐层清理、焊接区防腐等工艺过程，程序复杂，质量要求高。镯式阳极利用率低于 80%，所以只适用于采用外防腐层与阴极保护的方式进行联合保护，对阴极保护电流需求量不高的管体，通常在管道下水之前完成阳极的安装与焊接。

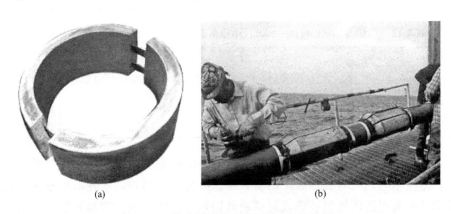

图 7-21　镯式阳极形式及现场安装效果图

③ 雪橇式阳极　雪橇式阳极由多支块状或镯式阳极组成，结构如图 7-22 所示，与传统的将阳极固定在结构物上不同，雪橇式阳极放置在海底泥床上，通过电缆与被保护结构物（如海管）电连接，阳极材料固定在钢结构支架上，作为牺牲阳极使用时与管线的距离保持在 3～5m 范围内。同时，可在阳极与结构物连接电缆上串联分流器，采集阳极的输出电流。

(a) (b)

图 7-22　雪橇式阳极形式及现场安装图

④ 垫子式阳极　垫子式阳极是将牺牲阳极材料有序排列，相邻阳极块之间用金属连接，然后在阳极块外浇筑稳定性良好的混凝土，待混凝土固化后整个结构像由若干块混凝土拼成的床垫。如图 7-23 所示，垫子式阳极使用时铺展在管线上，与溶液介质的接触面较大，接触电阻降低。当对交汇处管线和泥床松软处管线实施阴极保护时，考虑使用垫子式。与雪橇式阳极相同，垫子式阳极既能与管线同时设计下水，又能用于原有阳极失效后，新阳极材料更换。但该类阳极生产工艺复杂，节点过多，稳定性有待考证。

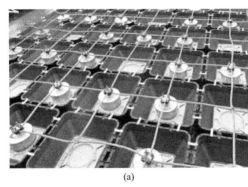
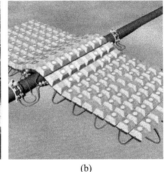

(a) (b)

图 7-23　垫子式阳极混凝土浇筑模具及现场安装效果图

⑤ 卡箍式阳极　卡箍式阳极是将阳极材料对称固定在特殊结构的管夹上，如图 7-24 所示，在深水环境下通过水下机器人将整个体系放置在管线的合适位置，旋转管夹上部露出的 T 形螺栓，管夹会紧扣管道，随着 T 形螺栓对管线施加的压力不断增大，管线表面原有的涂层被破坏，管夹、管线和阳极连为一体，实现管线阴极保护。这种形式的牺牲阳极装置安装方便、稳定性好，适用于管线受损或失效阳极的更换，但是保护距离有限，需要安装的数量较多。

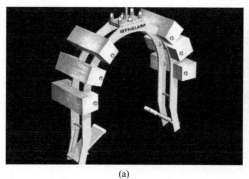
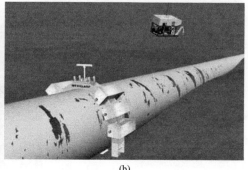

(a)   (b)

图 7-24　卡箍式阳极形式及现场安装效果图

⑥ 豆荚式阳极　豆荚式阳极主要用于超出设计服役期限平台阳极材料的更换，适用于 25～100 m 水深环境。如图 7-25 所示，四根阳极柱构成整个系统在高度上的主体部分，底面是一个固定在方形框架上的垫子式阳极，铺展在海底的泥床上作为基座。使用豆荚式阳极时，可根据设计需求将一定数量的阳极装置投掷在平台的四周，采用电缆连接为平台提供阴极保护。与传统方法将阳极材料固定在结构物上相比，采用豆荚式阳极的经济性优势十分显著：首先，通过缩短安装时间，节省预算成本；其次，达到保护要求所需阳极材料量少，材料成本低。

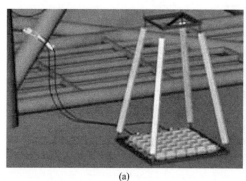

(a)   (b)

图 7-25　豆荚式阳极形式及现场安装效果图

对比上述几种牺牲阳极形式的生产制造难易程度，对类似目标海管的保护效果，以及更换安装难易程度可知：

a. 块状阳极有成套的尺寸标准，易于生产，可置于海床上，根据尺寸大小和数量可提供不同大小的阴极保护电流，适用于目标海管阳极块的更换；

b. 镯式阳极也有成套的尺寸标准，但难于安装，不宜选用；

c. 雪橇式阳极和豆荚式阳极可以是多个块状阳极的组合，即焊接在一起，但是由于体型庞大，不易安装，但是阳极数量可以设计得很少，在阳极块更换方案设计中可选择豆荚式阳极作为方案备选；

d. 垫子式阳极和卡箍式阳极的生产制作需要单独的生产模具，费用较高，且保护距离相对有限，不宜选用。

7.3.3.2 牺牲阳极安装方式

海洋工程中更换服役中的受损牺牲阳极，需要特别考虑的因素是牺牲阳极的安装，无论是通过阳极两端铁脚直接焊在结构物上，或使用电缆实现牺牲阳极与结构物间的电连接。由于水下环境本身与陆地环境存在明显的差别，加之较高的水压，使得陆地上很成熟的工艺技术在水下环境下都会大打折扣，有时甚至完全失效。因此，牺牲阳极的安装成为更换海洋受损阳极过程中的关键环节。通过近些年的不断探索，在水下牺牲阳极安装方面形成了水下焊接和机械连接两种技术。

（1）水下焊接 由于水下焊接处于特殊的工况环境中，其操作条件与陆上完全不同。采用湿法焊接时由于水下的能见度小，给焊接带来不便。同时，焊缝力学性能较差，气孔率高，易出现焊接冷裂纹，焊接效果不太令人满意。湿法焊接具有设备简单、成本低廉、操作灵活、适用性强等优点，在海洋工程的建造安装及维修领域有所应用，但目前200m水深已是湿法焊接的极限。

水下干法焊接是通过将焊接部位范围内的水人为地排开，使焊接过程能在一个干的气相环境中进行。根据工程结构的具体形状、尺寸和位置的不同，通常需要设计相应的气室，气室中需备有一套生命维持、湿度调节、监控、照明、保障、通信联络的系统。干法焊接的辅助工作时间长，水面支持队伍庞大，施工成本较高。干法焊接无法适用于深水工况条件。

近些年水下焊接技术在焊条、设备和工艺技术方面都取得了长足的发展，利用ROV结合摩擦焊接技术可以实现深水海底管线不停产阳极安装，并有在HZ26-1平台至FPSO约25km海底管线上采用ROV搭载摩擦焊工具不停安装新阳极的成功案例。摩擦焊接是陆上使用很成熟的焊接工艺，通过对焊接设备进行合适的改进，并结合水下通信和ROV技术，将该技术的适用环境延伸至水下领域。如图7-26所示，安装有ROV和HMS3000摩擦焊液压马达的管线托架固定在管线上，使用ROV调整摩擦焊液压马达轴端固定的待焊螺栓与管道间的距离，当距离满足要求后启动液压马达，螺栓相对管线旋转放出大量的热，接近软化状态，在液压压力作用下使管线与螺栓焊接在一起。

另外，英国、法国两国合作开发的潜式焊接维修连接系统THOR系列在诸多海洋工程中也有许多成功案例，然而这些新的水下焊接工艺，对设备的要求较高，一般在重大工程中运用。

(a)   (b)

图 7-26　ROV 搭载摩擦焊工具在水下施工和旋转摩擦焊接过程图

（2）机械连接　机械连接技术是海底管道修复技术中最成熟、应用最广泛的维修方法，作业时采用纯机械连接，连接过程受环境因素的影响很小，可以适应各种复杂的海底环境，连接深度可达 3000m 以上。水下机械连接的原理基本相同，都是利用水下机器人（ROV）或蛙人将卡具固定在结构物上，最主要的差别是根据连接物的形态选取相应形式的夹具。

针对牺牲阳极安装所涉及牺牲阳极与深海管线间的电连接，常用的夹具有圆环式和卡箍式管夹。

圆环式管夹是将机械连接装置和牺牲阳极集成在一起的装置，其主体结构包括阳极上片、阳极下片、扁钢带和圆钢条。半圆环式阳极下片和阳极上片对称，其沿同向圆环内侧处置有扁钢带，纵向均匀分布有圆钢条，钢带与钢条交叉式相互焊接固连，其中钢带分别伸出，阳极上、下片两端处各预留一定距离，便于两个阳极片围拢在管线周围拧紧固定。该装置安装过程中需要去除待安装环形阳极与管线间的涂层，再使用导向对准装置固定，这种方式下阳极使得管夹受力较大，管夹容易旋转而失去电连接性，即容易失效，不适用于水平管段。

针对牺牲阳极安装可选用卡箍式管夹（图 7-27），该装置安装过程中无须去除待安装管夹与海管间的涂层，装置的主体呈"Ω"形，顶部设计有用于驱动装置上下运动的 T 形螺杆，螺杆贯穿于上部钢板内，同时钢板内设计有和螺杆对应的内螺纹。除此之外，钢板上还设计有连接阳极电缆的特殊位点。装置主体下部通过轴连接一对钢板，在闲置状态钢板外侧被弹簧压开，钢板内侧翘起。施工时使用水下机器人（ROV）和导向对准装置将各个装置卡在管线上，然后旋转上部的 T 形螺栓使下部钢板管线的压力增大，实现抱紧目的。另外，随着螺栓对管线的作用力增大，管线表面的涂层被钻穿，实现与管线间的电连接。采用管夹连接，可以避免采用其他工艺时的管线涂层出现大面积破损或结构受力对管线的影响。

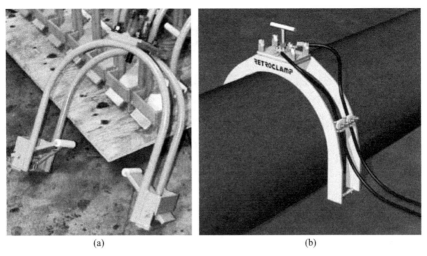

(a)	(b)

图 7-27　卡箍式管夹及现场安装效果图

7.4　船体外壳的阴极保护技术

与海水接触的 FPSO 船体钢质外壳主要通过涂层外加阴极保护的方式提供保护来抑制海水腐蚀（图 7-28），涂层保护是第一道安全屏障，而阴极保护则为涂层缺陷处裸露金属的保护起到至关重要的作用。目前大型的 FPSO 船体外壳通常设置涂层和外加电流阴极保护（以下简称 ICCP）系统[52~56]。以南海发现号 FPSO 为例，其 ICCP 系统包含前系统和后系统两套 ICCP 阴极保护系统，分别设置 4 支辅助阳极和 2 支高纯锌参比电极，采用 24V/500A 的整流器提供电源，放置在船的前半部分和后半部分。

图 7-28　南海发现号 FPSO 及其 ICCP 系统实物图（舵上方三个白点处为阳极）

7.5 压载水舱阴极保护技术

以 FPSO 为代表的船舶的压载水舱始终处于空舱/海水压载这样的干湿交替环境状态下，其腐蚀环境非常苛刻，腐蚀后往往难以维修。早期对船舶压载水舱的腐蚀不重视，没有采取防护措施，仅依赖增加钢板厚度来提高腐蚀裕量，造成船体重量增加。后来涂过水泥浆，但防腐作用有限。近 20 多年来尽管换成了涂料涂装，但对涂料和涂装工艺没有严格规定，腐蚀问题依然严峻，甚至不断发生腐蚀失效事故。

压载水舱腐蚀区域主要为浸水钢板部分，腐蚀类型为电化学腐蚀，这为阴极保护技术的应用提供了条件，也为防护提供了更多的选择，包括涂料保护、牺牲阳极保护、涂料与牺牲阳极联合保护。目前，新造船舶的压载水舱一般都采用了涂料与牺牲阳极联合保护。这在《船舶结构防腐检验指南》中有一系列明确的规定，即海船压载水舱的防腐蚀一般是采用涂料加牺牲阳极阴极保护的方法，而不采用外加电流阴极保护，这主要是从用电安全、阴极和阳极反应产物（氢气和氧气）可能引起的混合爆炸隐患角度考虑。其中，用于压载水舱的涂料应具有优良的耐海水和干湿交替的性能，压载水舱涂料应为非易皂化型，且能与牺牲阳极保护相适应。压载水舱涂料宜做两层或多层涂装，每层使用的涂料颜色应有区别，其面层涂料宜为浅色，不宜使用含有焦油（沥青）类的涂料。由于船舶压载水舱处于干湿交替的工作环境，受海水和海水盐雾的侵蚀，腐蚀较严重，尤其是局部腐蚀和焊缝腐蚀更为严重。而在应力集中的区域，通常都是涂层最早脱落并最早开始腐蚀的区域，造成致命的局部腐蚀（通常为平均腐蚀速率的数倍，甚至数十倍）。由于不适当的表面处理、不正确使用、维修保养差以及油漆面上的局部小缺口，使舱内防护漆有效质量下降。腐蚀集中在油漆损坏后的任何一点上造成一个个凹坑，这些凹坑最终将导致钢板或结构部件的彻底穿透。为了避免这种情况发生，可以采用安装合适的牺牲阳极阴极保护的方法，使这一问题得到解决。因此，运行船舶在修船时，对压载水舱的保护应更多地采用牺牲阳极阴极保护，而不是重新涂装，以便有效地延长压载水舱的使用寿命。

对于压载水舱应用牺牲阳极阴极保护技术，建议在设计阶段进行详细公式计算或借助于数值模拟技术，优化阳极数量及位置，以保证使用效果；在采购与验收阶段，要严格把控好牺牲阳极材料的验收关，对阳极的化学成分、电化学性能以及实际重量等严格按标准验收；在运行阶段，进行必要的保护电位的测量和技术跟踪，以判断是否达到设计要求。

7.6　系泊缆阴极保护技术

根据不同海域/海况条件，目前世界上的 FPSO 主要采用如下系泊方式：单点-转塔系泊系统、多点-伸展系泊系统及动力定位系统，其中以单点系泊系统的应用最为普遍。如在中国南海，必须采用转塔系泊，在这种情况下，FPSO 可以根据风向调节它的对地静止的转塔，以使环境载荷最小。

通常单点系泊系统位于海水中的部分包括转塔、浮筒及系泊缆/链，主要受到海水腐蚀，腐蚀类型为电化学腐蚀，通常采用涂层联合阴极保护方式提供防护。目前，阴极保护形式主要为牺牲阳极阴极保护，易于实施。

对于转塔、浮筒及系泊缆/链，由于其结构较大，具有较高的强度，通常采用块状的铝合金牺牲阳极提供保护，安装方式以焊接为主。

本书中提及的系泊缆为系泊钢缆，通常由多股钢丝构成，无法使用块状的铝合金牺牲阳极提供防护，设计时选取易于加工的锌合金牺牲阳极，将其加工成近似 X 形阳极丝，嵌入到多股钢丝中，为系泊钢缆提供阴极保护。以南海奋进号系泊钢缆设计为例，钢缆结构共由 12 层、371 根缆丝组成，缆绳缆丝间填充物为无定形聚乙烯填塞混合物，在次外层设计了 12 根 X 形锌合金阳极，如图 7-29 所示。

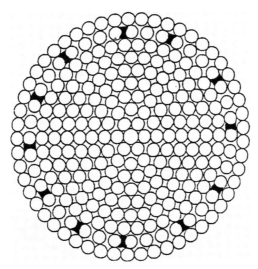

图 7-29　南海奋进号系泊钢缆设计（白圈为钢丝，黑色 X 形结构为锌合金阳极）

7.7　容器内壁阴极保护技术

油田开采与生产系统的容器内壁往往含有生产水介质，在介质浸没的区域可采用阴极保护技术进行防腐。目前，应用阴极保护的容器包括三相分离器、原油储罐、撇油罐、沉降罐和水罐等。下面以三相分离器为例，介绍阴极保护系统应用状况。

三相分离器是将油井产出的地下原油中的天然气、原油、水混合物分离成天然气、原油、水的重要设备，分离器内部结构复杂。由于油田开发后期的油井平均含水率在逐步升高，故分离器内底部一半以上的部位处在分离出的污水介质中，因油田产出水具有偏酸性，矿化度高，碳酸根、氯离子含量高的特点，使得分离器底部水介质接触部位腐蚀严重，每年必须对罐体内部进行清罐作业，严重影响安全生产。

三相分离器内壁可采用牺牲阳极阴极保护技术和外加电流阴极保护技术。通常牺牲阳极保护寿命短，不能随时更换，更不能随时监测其保护状态，在恶劣的条件下新上的牺牲阳极一般不到一年即消耗殆尽，达不到生产要求。而采用外加电流阴极保护技术，可以较好地弥补这一短板。

外加电流阴极保护技术研究包括阴极保护参数选择研究（采用最小保护电位和最小保护电流密度两个基本参数来确定）、辅助阳极研究（辅助阳极应与被保护体和电缆绝缘密封）、参比电极的选择研究（选用性能比较稳定且在海水中经常使用的锌参比电极）、直流电源的选择研究（对于电源的控制方式有控制电流法、控制电位法、恒槽压法、间歇保护法）、电缆的选择（主要使用两类电缆，即电力电缆和屏蔽电缆）、阳极接头的密封（罐内安装电极引线接头密封和管壁安装电极接头密封）。

在设计中可采用数值模拟技术来辅助完成优化设计。以某三相分离器为例，通过资料调研确定了三相分离器的形状和水位，外加电流阴极保护系统辅助阳极布置位置及形状尺寸，辅助阳极具体规格。通过软件建立了三相分离器外加电流阴极保护系统三维几何模型（如图 7-30 所示），放大的辅助阳极几何模型如图 7-31 所示。为实现数值计算，对所建立的几何模型进行网格划分，如图 7-32 所示，形成面单元，运用边界元的方法在给定边界条件下完成模拟计算。

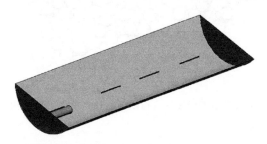

图 7-30　某三相分离器外加电流阴极保护系统三维几何模型

数值模拟边界条件主要包括阳极边界条件（辅助阳极）、阴极边界条件（腐蚀介质浸没的三相分离器金属内壁）和腐蚀介质电导率三部分。

图 7-31　外加电流阴极保护系统辅助阳极几何模型

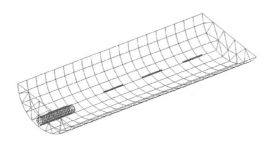

图 7-32　某三相分离器外加电流阴极保护系统三维几何模型网格划分

辅助阳极边界条件一般采用恒电流密度边界条件，即等于阴极保护系统输出总电流/辅助阳极总暴露面积，该暴露面积是指与腐蚀性介质接触的区域，其中被聚四氟乙烯绝缘层包裹的区域可以认为电流密度为 0，即处于完全绝缘状态。

阴极边界条件，即被保护的三相分离器内壁的边界条件，一般采用极化边界条件，即测试得到保护电位与保护电流密度之间的关系曲线，又称为极化曲线。在室内测试了 Q235 钢在罐内腐蚀环境下的极化曲线，如图 7-33 所示。

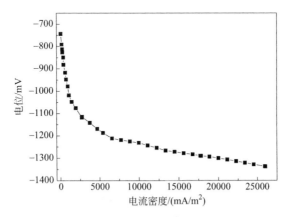

图 7-33　三相分离器用钢极化边界条件测试结果

测试了采集回来的水样电导率，测得水相的电导率为 2.1S/m。

采用阴极保护数值模拟分析得到 4 支阳极下的电位分布，如图 7-34 所示。从图中可以清晰地看出各个部位的保护效果，从而能够实现阳极数量和位置的优化。

电位
- -879.32
- -896.56
- -913.79
- -931.02
- -948.26
- -965.49
- -982.73
- -999.96
- -1017.2
- -1034.4

图 7-34　正常工作状态下罐内阴极保护电位分布图

阴极保护时直流电不会引起静电荷的积累，不存在安全因素。对于三相分离器阴极保护系统而言，只要保证电极的正确连接及接点良好的绝缘，保证导电水介质水位能使电极完全浸没，保证系统的密封，就能完全避免因阴极保护带来的安全隐患，达到抗油气防爆的目的。

系统在现场成功安装与调试完毕后，在日后的运行中，每月跟踪和监测系统的运行情况，保护数据分离器内壁处于有效保护范围之内。在经过近两年的无故障运行，由于温度、内部环境的变化，保护电位小有波动，但总体趋势稳定，且处在实验设计保护范围之内。阴极保护电位处于 $-0.85 \sim 1.2V$，有效保护分离器内壁，有效控制点蚀的发生。经过两年的运行，通过对分离器内壁悬挂的腐蚀试片进行处理、对比和分析得知，受保护试片的腐蚀速率为 0.0056mm/a，未受保护试片的腐蚀速率为 0.0862mm/a。检验试片的保护度为 93.5%，基本与实验时的结果一致。在此之前，三相分离器内壁的腐蚀环境非常恶劣，高温、高离子水、高 H_2S、高 CO_2、压力突变、流速突变、流动死角、结垢、硫酸盐还原菌等多方面原因导致腐蚀严重。局部腐蚀尤为突出，接近 1.2mm/a。自 1998 年投产来，已开罐检修三次，发现最大点腐蚀坑深已经非常严重，局部腐蚀坑深达 5.7mm，如图 7-35 所示。

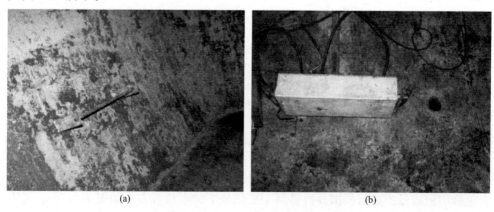

(a)　　　　　　　　　　　　　　　　(b)

图 7-35　开罐检查阳极块消耗完且局部腐蚀坑深达 5.7mm

为了进一步验证罐体的实际保护情况，在罐体开罐后，对罐体内壁包括焊缝、生产水覆盖处等部位进行了检查，在历经 2 年的运行，罐体内壁没有发现腐蚀痕迹，罐体在空气中暴露 24h 后再度检查，没有发现黄色的铁锈痕迹，说明罐体内壁保护效果良好，具体如图 7-36 所示。

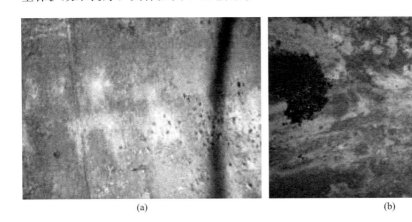

(a)   (b)

图 7-36　生产水覆盖区中部区域和在空气中暴露一天后的内壁状况

辅助阳极和参比电极是外加电流阴极保护技术在三相分离器内的关键部件，为了验证这些部件在经历 2 年使用后的情况，对这些部件进行了检查，通过外观检测、电位检测、结构老化情况等检查，这些部件的损耗情况与实验结果保持一致，经受住了现场工况的考验，可以继续使用。辅助阳极和参比电极状态图见图7-37。

图 7-37　辅助阳极和参比电极状态图

在某三相分离器内壁外加电流阴极保护技术应用 5 年以来，系统运行正常，罐体内壁保护良好，5 年来没有发生过一次事故，防腐效果提高，试片保护度达到 93.5%。此项技术适用于海上油气田和陆岸终端几乎全部有电解质容器（包括三相分离器、撇油罐、海水粗过滤器等）的内壁阴极保护，替代目前所普遍采用的牺牲阳极阴极保护措施，大幅提高所保护罐体的寿命，节约大量的维修保养费用，为油气田安全生产提供保障。

7.8 陆地管线的阴极保护技术

7.8.1 油田管线阴极保护

油田阴极保护系统保护的管线主要包括以下三类：

① 井口—计量站的集输支线。

② 计量站—处理站的集输干线。

③ 外输管线。

7.8.1.1 集输支线阴极保护系统

以某油田集输支线为例，通常油田集输支线一般采用多线共用 1 套阴极保护系统，包括 1 台恒电位仪，设立独立阴保间，浅埋阳极地床或深井阳极地床，输出电流在几安到几十安左右，阳极规格为 $\varphi235mm \times 30m$（长）、高硅铸铁（$\varphi75mm \times 1.5m$），埋深 2.5m，涂层及土壤为 3PE，平均电阻率约为 $20\Omega \cdot m$，测试桩为 1 个/km。以某计量站 1# 和 2# 的阴极保护系统为例，其布置方式分别如图 7-38、图 7-39 所示。

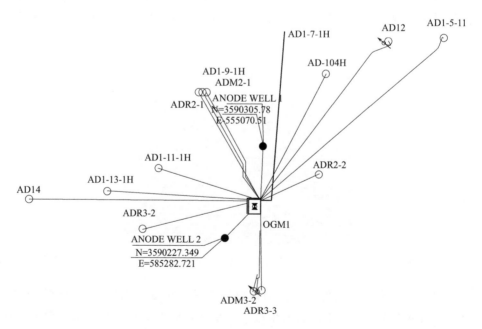

图 7-38　某计量站 1# 集输支线阴极保护系统

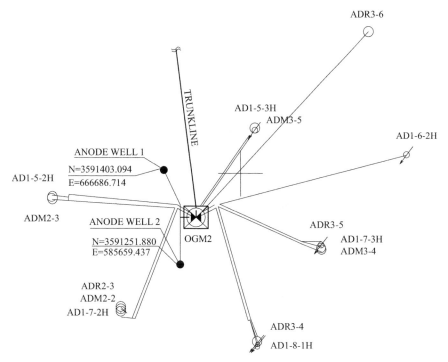

图 7-39　某计量站 2♯集输支线阴极保护系统

7.8.1.2　集输干线阴极保护系统

以某油田集输干线为例，通常在处理站设置 1 套阴极保护系统，包括多个进站的集输干线。如例子中的集输干线由 1 个深井阳极地床提供保护，阴保间设置在处理站内，阳极规格为 $\varphi235mm\times30m$（长）、高硅铸铁（$\varphi75mm\times1.5m$），埋深 20～50m，涂层及土壤为 3PE，平均电阻率约为 $20\Omega\cdot m$，测试桩为 1 个/km。阴极保护系统阳极位置分布、连线方式和总体框图分别如图 7-40～图 7-42 所示。各条集输支线通过分线箱采用电阻调节分配电流。

7.8.1.3　外输管线阴极保护系统

以某油田为例，外输管线往往单独保护。该油田有两条外输管线，包括处理站—油/气站和处理站—发电站。处理站—油站的外输管线（24in×135km），在处理站附近设置了浅埋阳极地床，在 30km 处有一处阀室，也设置了阳极地床。处理站—气站的外输管线（24in×80km），在处理站附近设置了浅埋阳极地床，两条管线并行间距约为 10m。处理站—发电站外输管线阴极保护系统采用浅埋阳极地床，$\varphi235mm\times90m$（长），高硅铸铁（$\varphi75mm\times1.5m$），埋深 2.5m。涂层类型为 3PE。外输管线阴极保护系统示意图和细节图分别如图 7-43 和图 7-44 所示。

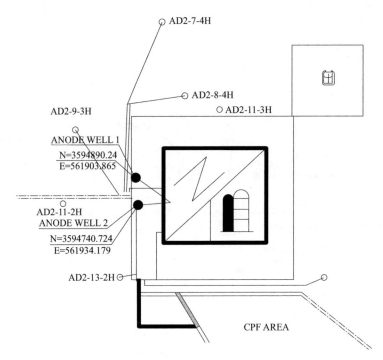

图 7-40　某处理站内设置的阴极保护系统阳极位置分布

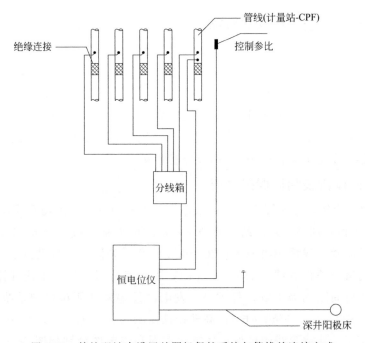

图 7-41　某处理站内设置的阴极保护系统与管线的连接方式

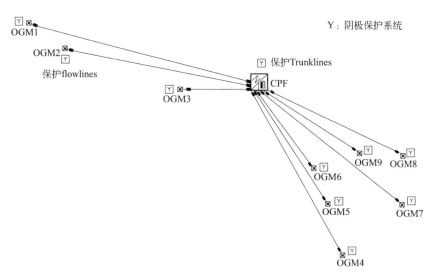

图 7-42　某处理站内设置的阴极保护系统总体框架图

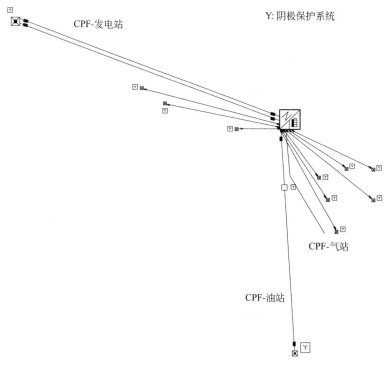

图 7-43　外输管线阴极保护系统示意图

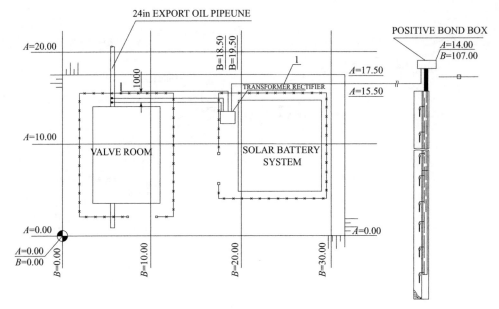

图 7-44　外输管线深井阳极阴极保护系统示意图

7.8.2　陆上阴极保护有效性

7.8.2.1　陆上阴极保护电位标准

阴极保护有效性评价所采用的常用标准为：

① GB/T 21448—2017 埋地管道阴极保护技术规范。

② SY/T 0087—2006 钢质管道及储罐腐蚀评价标准。

③ NACE SP0169—2013 Control of External Corrosion on Underground or Submerged Metallic Piping Systems。

④ ISO 15589-1—2015 Petroleum and Natural Gas Industries-Cathodic Protection of Pipeline Transportation Systems-Part 1：On-land Pipelines。

有效性评估的内容包括保护电位评估、阳极运行状况评估以及阴极保护电源运行状况评估三个方面，保护效果需要满足以下指标：

（1）保护电位准则　阴极保护效果评价时，保护电位应达到下列任意一项或全部效果指标：

① 一般情况

a. 管道阴极保护电位（即管/地界面极化电位，下同）应为－850mV（CSE）或更负。

b. 阴极保护状态下管道的极限保护电位不能比－1200mV（CSE）更负。

c. 对高强度钢（最小屈服强度大于 550MPa）和耐蚀合金钢，如马氏体不锈钢、双相不锈钢等，极限保护电位要根据实际析氢电位来确定，其保护电位应比 $-850mV$（CSE）稍正，在 $-650\sim-750mV$ 的电位范围内，管道处于高 pH 值 SCC 的敏感区，应予注意。

d. 在厌氧菌或 SRB 及其他有害菌土壤环境中，管道阴极保护电位应为 $-950mV$（CSE）或更负。

e. 在土壤电阻率 $100\sim1000\Omega\cdot m$ 环境中的管道，阴极保护电位宜负于 $-750mV$（CSE）；在土壤电阻率大于 $1000\Omega\cdot m$ 环境中的管道，阴极保护电位宜负于 $-650mV$（CSE）。

② 特殊考虑　当①准则难以达到时，可采用阴极极化或去极化电位差大于 $100mV$ 的判据。

注意：在高温条件下，SRB 的土壤中存在杂散电流干扰及异种金属材料耦合的管道中，不能采用 $100mV$ 极化准则。

（2）阳极运行状况要求

① 辅助阳极地床的接地电阻要小于供电电源的额定负载。

② 阳极的输出电流小于材料允许的最大输出电流。

（3）电源运行状况要求

① 恒电位仪的输出电流、输出电压、控制电位等参数显示正常。

② 恒电位仪接入的各类电缆、导线的位置正确，电源参数、容量符合要求。

③ 仪器内部接线、元器件连接正确牢靠，防雷装置连接正确。

④ 给定参比连接正常。

⑤ A/B 机之间切换正常。

7.8.2.2　阴极保护运行期间的检测参数及其方法

阴极保护系统投产后，检测内容主要包括：管道阴极保护电位测试，阳极输出电流测试，以及电源设备的运行状况检查。

（1）管道阴极保护电位测试　保护电位是阴极保护的关键参数，是监视和控制阴极保护效果的重要指标。需要测量的管道阴极保护电位参数包括通电电位、断电电位、阴极极化电位偏移等，测量方法如下：

① 通电电位　该方法适用于施加阴极保护电流时，管道对电解质（土壤、水）电位的测量。该方法测得的电位是极化电位与回路中所有电压降的和，即含有除管道金属/电解质界面以外的所有电压降。测量步骤如下：

a. 测量前，应确认阴极保护运行正常，管道已充分极化。

b. 测量时，将硫酸铜电极放置在管顶正上方地表的潮湿土壤上，应保证硫酸铜电极底部与土壤接触良好。

c. 管道自然电位测量接线见图 7-45。

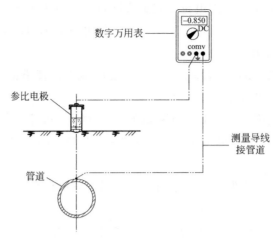

图 7-45　管道自然电位测量接线图

d. 将电压表调至适宜的量程上，读取数据，做好管地电位值及极性记录，注明该电位值的名称。

② 断电电位　可采用电源中断、试片断电或探头断电三种方式来获得断电电位，当不存在杂散电流，且阴极保护电流便于同步中断时，常采用电源中断法。对有直流杂散电流或保护电流不能同步中断（多组牺牲阳极或其与管道直接相接，或存在不能被中断的外部强制电流设备）的管道，需要采用试片断电或探头断电法。

a. 电源中断法　该方法适用于管道对电解质极化电位的测量，测得的断电电位（V_{off}）是消除了由保护电流所引起的 IR 降后的管道保护电位。对有直流杂散电流或保护电流不能同步中断（多组牺牲阳极或其与管道直接相接，或存在不能被中断的外部强制电流设备）的管道，该方法不适用。测量步骤如下：

Ⅰ. 在测量之前，应确认阴极保护正常运行，管道已充分极化。

Ⅱ. 测量时，在所有电流能流入测量区间的阴极保护电源处安装电流同步断续器，并设置在合理的周期性通/断循环状态下同步运行，同步误差小于 0.1s。合理的通/断循环周期和断电时间设置原则是：断电时间应尽可能短，以避免管道的明显去极化，但又应有足够长的时间保证测量采集及在消除冲击电压影响后的读数。为了避免管道的明显去极化，断电期宜不长于 3s。典型的通/断周期设置为通电 12s，断电 3s。

Ⅲ. 将硫酸铜电极放置在管顶正上方地表的潮湿土壤上，应保证硫酸铜电极底部与土壤接触良好。

Ⅳ. 管地断电电位（V_{off}）测量接线见图 7-45。

Ⅴ. 将电压表调至适宜的量程上，读取数据，读数应在通/断电 0.5s 之后进行。

Ⅵ. 记录下管道对电解质的通电电位（V_{on}）和断电电位（V_{off}），以及相对于硫酸铜电极的极性。所测得的断电电位（V_{off}），即为硫酸铜电极安放处的管道保护电位。

Ⅶ. 如果对冲击电压的影响存在怀疑时，应使用脉冲示波器或高速记录仪对所测结果进行核实。

b. 试片断电法　试片断电法是在测试点处埋设一个裸试片，其材质、埋设状态和管道相同。试片与管道通过电缆连接，这样就模拟了一个覆盖层缺陷，由管道的保护电流进行极化，测量时只需断开试片和管道的连接线，用近参比法，就可测得试片的断电电位，测量原理如图 7-46 所示。

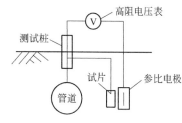

图 7-46　试片断电法

c. 探头断电法　极化测试探头是对极化试片的进一步发展，其基本原理与极化试片相同。它是将极化试片和参比电极共同组装在一个绝缘壳中，内装有低电阻率介质（盐溶液），平时试片与管道相连，极化程度与管道一致。测量时只需要断开极化试片和管道的连接即可得到所要的极化电位。该方法的测量原理如图 7-47 所示，测量步骤如下：

Ⅰ. 将极化探头埋至与管道同深或管道附近，接线如图 7-47 所示；

Ⅱ. 将极化试片与管道相连，并充分极化；

Ⅲ. 按图 7-47 的连接方式将极化探头与试片连接的测试电缆接万用表的正极，与参比电极连接的测试电缆接负极；

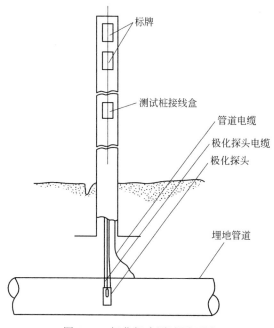

图 7-47　极化探头测试原理图

Ⅳ. 将试片与管道断开，立即测量（0.5s内）并记录相对于铜/饱和硫酸铜电极的断电电位；

Ⅴ. 重复三次，取平均值。

③ 阴极极化电位偏移测量　该方法适用于防腐层质量差或无防腐层的裸管道阴极保护效果的测试。通过管道极化衰减或极化形成来判定测试点处管道是否达到适当的阴极保护。

管道阴极极化衰减的测量步骤如下：

a. 在测量之前，应确认阴极保护正常运行，管道已充分极化。

b. 测量时，在所有电流能流入测量区间的阴极保护电源处安装电流同步断续器，并设置在通/断循环状态下同步运行，同步误差小于0.1s。

c. 将硫酸铜电极放置在管顶正上方地表的潮湿土壤上，应保证硫酸铜电极底部与土壤接触良好。

d. 测量接线见图7-45。

e. 将电压表调至适宜的量程上，读取数据，记录管地通电电位和断电电位，以及相对硫酸铜电极的极性。将管道断电仅0.5～1s的断电电位作为计算极化衰减的基准电位。

f. 关闭可能影响测试点处管道的阴极保护电源，直至观察到出现至少100mV阴极去极化衰减或达到稳定的去极化水平，并记录管道的去极化电位，阴极极化衰减曲线见图7-48。

g. 上述两个电位之差（去极化电位与基准电位），即为极化电位偏移值。

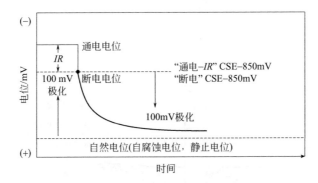

图 7-48　阴极极化衰减曲线及电位准则应用

管道阴极极化形成的测量步骤如下：

a. 测量并记录没有施加阴极保护电流时的管地自然电位，将此电位作为计算极化形成的基准电位。

b. 施加阴极保护电流，并确认保护管道已充分极化。

c. 测量时，在所有电流能流入测试区间的阴极保护电源处安装电流同步断续器，并设置在通/断循环状态下同步运行，同步误差小于 0.1s。

d. 测量并记录管地通电电位和断电电位以及相对硫酸铜电极的极性。断电电位和自然电位之差就是形成的极化电位值，阴极极化形成曲线见图 7-49。

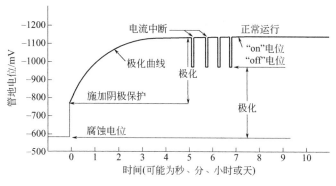

图 7-49　阴极极化形成曲线

（2）阳极输出电流测试　通过将电流表或标准电阻串入阴极保护电路中，来测试阳极的输出电流，检测阳极的工作状况。

（3）电源设备的运行状况检查　阴极保护电源设备运行状况的检查包括以下内容：

① 检查恒电位仪的输出电流、输出电压、控制电位等参数是否正常。

② 参照恒电位仪产品说明书检查接入各类电缆、导线的位置，以及配电盘的电源参数、容量是否符合要求。

③ 检查零位线是否单独接到仪器零位接线柱上，是否与阴极或电源的中线相连接。

④ 检查仪器内部接线、元器件连接是否正确牢靠；检查防雷装置是否一端接地，一端连输出电压端。

⑤ 检查通电时电源输入指示灯是否运行正常，表盘指针是否准确。

⑥ 检查给定参比连接是否正常。

⑦ 检查 A/B 机之间切换是否正常。

第8章　海上油气田的腐蚀完整性管理

8.1　完整性管理体系与标准

8.1.1　完整性管理体系

8.1.1.1　概述

海洋油气生产系统设施设备的腐蚀完整性管理体系是腐蚀完整性管理的纲要性文件。包含以下内容。

① 腐蚀完整性管理理念；

② 适用范围；

③ 文件要求；

④ 腐蚀完整性管理体系框架；

⑤ 腐蚀完整性管理策略和目标；

⑥ 腐蚀完整性管理组织结构和职责；

⑦ 腐蚀完整性管理计划与实施；

⑧ 绩效考核与评比；

⑨ 体系审核与改进。

8.1.1.2　腐蚀完整性管理理念

腐蚀管理是引入或采用一整套预防或阻止潜在腐蚀后果发生的方法，并且验证这些方法有效性的行为。腐蚀完整性管理是海洋油气生产过程中长期腐蚀管理与国际先进管理方法相结合，并进行总结和提升，将腐蚀相关的领域、范围和人员形成体系，提出的适用于海洋油气生产系统的腐蚀管理的先进管理理念。

首先通过设施的腐蚀控制设计方法对各种设施进行防腐设计和建造，然后在设备运行过程中定期对各种设施开展腐蚀监/检测、腐蚀失效分析和生产工况分析等活动，及时对相关数据进行整合分析，评估目前生产设施存在的腐蚀隐患，有针对性开展腐蚀防护措施优化活动，并持续改进整个管理体系，实现可持续的良性发展。从根本上减少和预防海上油田意外腐蚀泄漏事故的发生，将腐蚀失效对油田生产的影响纳入动态可控范围内[57,58]。

（1）腐蚀完整性管理原则　腐蚀完整性管理是基于风险的腐蚀管理，强调基于风险评估结果的具有针对性和效益性的腐蚀管理。

腐蚀完整性管理是基于资产全寿命周期的腐蚀管理，强调从设施最初设计到投产服役，直至退役的整个生命周期内的腐蚀管理。

（2）腐蚀完整性管理文化　卓有成效的管理出自良好的管理文化氛围，在腐蚀完整性管理中，无论管理内容是否涉及专业技术，也无论参与人员的职级权责，都应努力营造和维持一种积极的腐蚀完整性管理文化，其体现为"4C"，即控制、交流、能力和合作。

8.1.1.3　文件要求

（1）文件结构　该文件包括以下四部分：

① 总则；

② 腐蚀完整性管理程序文件；

③ 腐蚀完整性管理作业文件；

④ 腐蚀完整性技术文件。

（2）总则　总则是腐蚀完整性管理体系的纲要性文件，阐述了腐蚀完整性管理理念，说明了体系文件的适用范围和文件要求，搭建了腐蚀完整性管理体系框架。在体系框架基础上，明确了腐蚀完整性管理的策略和目标、参与管理的组织结构和职责、具体的实施内容和相互联系、管理绩效考核及评比细则和体系审核与改进的流程。

（3）腐蚀完整性管理程序文件　腐蚀完整性管理程序文件是阐述腐蚀完整性管理具体运作程序的文件，规定对腐蚀具体管理程序的控制要求，是为进行某项管理活动或过程所规定的方法和途径，以文件的形式规定了腐蚀管理实施过程中各业务部门工作交叉关系和各部门人员管理行为的规范。

（4）腐蚀完整性管理作业文件　腐蚀完整性管理作业文件是对程序文件的补充和支持，是管理和操作者行为的指南，是根据总则和程序文件的要求，针对不同设施类型的腐蚀管理工作提出具体的工作描述和考核指标。所列的作业内容只作为参考，详细的作业流程需实施人员根据现场实际情况进行逐一制订和优化。

（5）腐蚀完整性技术文件　腐蚀完整性技术文件收录了腐蚀机理、腐蚀类型、海上油气田的腐蚀状况、海上油气田腐蚀控制和监/检测技术等技术信息，为管理者准确识别腐蚀因素，及时发现腐蚀隐患，并采取正确的措施加以预防和处置提供了借鉴和参考。此部分内容可在管理实践和技术发展的过程中不断充实和完善。

8.1.1.4　腐蚀完整性管理体系框架

图 8-1 腐蚀完整性管理体系框架图中列出了腐蚀完整性管理体系的 5 大关键要素以及相互关系。体系的 5 大关键要素分别是策略和目标、组织结构与职责、计划与实施、绩效考核与评比以及审核与改进。这 5 大关键要素按步骤在体系中运行，首先由高层确定腐蚀完整性管理的策略和目标，赋予相关组织结构权责，进而开展计划并实施具体的腐蚀管理工作，并且对腐蚀管理工作进行绩效考核与评比，定期对整个体系的运行情况进行审核。审核的结论如果是符合，则体系持续运行；审核的结论如果是不符合，则应当对相应的环节进行整改和优化。按照腐蚀完整性管理体系框架运行，不但可以确保腐蚀管理工作的有序高效进行，还可以保证体系的不断改进和完善。

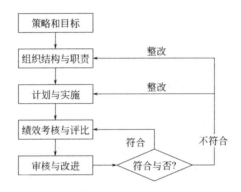

图 8-1　腐蚀完整性管理体系框架图

8.1.1.5　腐蚀完整性管理策略和目标

腐蚀完整性管理的目标包括但不限于以下方面：

① 保障设施完整性；

② 提高设施利用率，以增加收益；

③ 减少非计划性维修，以降低成本；

④ 减少延期成本；

⑤ 优化减缓监/检测成本；

⑥ 避免由泄漏和结构失效导致的安全和环境危害。

8.1.1.6　腐蚀管理组织结构与职责

（1）主要责任部门　根据执行腐蚀完整性管理的对象设置主要责任部门。例如某分公司生产部负责整个分公司腐蚀完整性管理监督和审查工作，作业公司负责指定所辖范围腐蚀管理的第一负责人及相应的维护管理人员，主要指平台总监（现场第一负责人）、生产监督、维修监督、安全监督等。以某分公司为例，介绍腐蚀完整性管理岗位职责。

（2）职责

① 总经理

a. 对腐蚀完整性管理体系的建立、实施及持续改进负全面领导责任；

b. 结合本公司总体经营方针和实际管理，制定腐蚀完整性管理的目标和方针；

c. 任命本公司腐蚀完整性管理的管理者代表和批准、发布腐蚀完整性管理体系文件；

d. 向全体员工传达腐蚀完整性管理理念和遵守有关法律法规要求的重要性，提高本公司员工的腐蚀完整性管理理念；

e. 负责腐蚀完整性管理的定期管理评审。

② 生产副总经理

a. 贯彻实施公司腐蚀完整性管理方针和指标，协调和分管腐蚀相关各项管理活动，为分管部门协调配置适宜的资源；

b. 加强分管范围内的程序管理，确保各管理部门之间接口关系协调一致；

c. 协助总经理对腐蚀完整性管理各个环节做出决策；

d. 按照腐蚀完整性管理程序要求，组织腐蚀管理检查，及时发现管理漏洞并落实整改，使腐蚀完整性管理体系不断完善，确保生产安全。

③ 生产部　生产部主要相关人员包括生产部经理、设备设施完整性经理、生产经理以及所属主管等管理人员，生产部职责如下：

a. 制定适合分公司特点的腐蚀完整性管理制度，跟踪监督各作业区的腐蚀管理情况；

b. 根据腐蚀完整性管理状况制定并执行5～10年的中长期滚动计划和费用预算；

c. 贯彻执行公司腐蚀完整性管理的各项方针和指标；

d. 根据设施腐蚀状况，制定腐蚀管理，包括资料搜集、腐蚀监/检测、腐蚀控制和腐蚀评估等工作的考核目标，并进行考核；

e. 组织制定年度腐蚀管理工作计划，协助、督促作业区按计划实施；

f. 组织制定腐蚀完整性管理的各项工作规范，协助作业区按规范实施；

g. 定期组织腐蚀管理培训和交流；

h. 及时按照要求组织完成腐蚀完整性管理软件系统的信息录入工作，并进行定期检查；

i. 组织腐蚀完整性管理体系的审核及考核评比工作。

④ 作业公司　作业公司主要相关人员包括作业区经理、装备经理、生产经理、设施主管、完整性主管、生产主管及平台总监和监督等管理人员，作业区职责如下：

a. 贯彻执行腐蚀完整性管理体系方针和各项目标，执行有关的法律法规及其他规定，确保腐蚀管理工作按管理文件的要求执行；

b. 负责制定年度腐蚀管理工作计划；

c. 负责腐蚀管理工作的方案制定、实施与验收；

d. 定期组织腐蚀管理会议，总结腐蚀风险情况及影响后果，分析存在的问题，制定解决措施；

e. 组织对于已发生的腐蚀失效事件进行调查分析，得出结论并制定后续方案；

f. 负责向生产部汇报腐蚀管理工作进展情况及腐蚀隐患发现和腐蚀治理情况；

g. 制定及完善作业区、平台等操作人员的腐蚀管理相关操作责任制度；

h. 参加生产部组织的腐蚀管理培训和交流；

i. 负责将各项腐蚀管理活动信息记录在腐蚀完整性管理软件中，以备今后查询借鉴和考核；

j. 协助配合腐蚀管理体系审核和考核评比工作。

⑤ 工程部　工程部职责如下：

a. 负责工程建造阶段按照设计要求执行防腐施工；

b. 负责收集和提交工程完工资料。

⑥ 行管部　负责腐蚀完整性管理系统软件服务器维护。

⑦ 专家委员会　专家委员会主要相关人员包括分公司专家、防腐、工艺、结构、维修工程师，平台/陆地监督和外部腐蚀领域专家。专家委员会职责如下：

a. 负责腐蚀完整性管理体系文件、程序的审核工作；

b. 负责提供专业性的技术支持与指导。

8.1.1.7　腐蚀完整性管理计划与实施

（1）流程图　腐蚀完整性管理的具体内容如图 8-2 所示，主要包括防腐设计、腐蚀控制、腐蚀监/检测、腐蚀风险评估、腐蚀预警、腐蚀失效分析和软件管理系统等一系列系统化的管理工作。

（2）防腐设计　在设计阶段就实现对设施腐蚀控制和腐蚀监/检测的考虑，并进行有效管理，可以最大程度地预防和降低腐蚀风险，从根本上减轻服役阶段的腐蚀管理工作。防腐设计主要是设施投用前进行的工作，防腐设计管理应按照相关文件执行，该文件中不做规定。

在此部分，作业公司对应的腐蚀管理工作主要是收集和保存完工设计、防腐施工验收等相关资料。

（3）腐蚀控制　腐蚀控制是抑制和减缓腐蚀的重要工作，既可以作为早期预防，又可以作为事后处理，为使此项工作规范化与科学化，该文件制定了"腐蚀控制管理程序"，其主要内容包括：

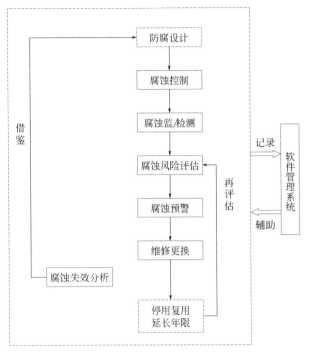

图 8-2　腐蚀完整性管理流程图

① 腐蚀控制计划方案；

② 腐蚀控制方案实施；

③ 腐蚀控制实施验收；

④ 腐蚀控制效果跟踪。

该文件还在"腐蚀管理作业文件"中针对各类设施制定了详细的规范，规范腐蚀控制，包括腐蚀控制设计、材料评估与选择、阴极保护系统管理、涂层管理及化学药剂管理的相关程序和作业流程。

（4）腐蚀监/检测　腐蚀监/检测是掌握设施的腐蚀状况的重要工作，不但为腐蚀风险评估提供依据，也能够为制定腐蚀控制措施提供参考。为规范腐蚀监/检测各部门之间的工作规程，该文件制定了"腐蚀监/检测管理程序"，其主要内容包括：

① 腐蚀检验策略和计划；

② 腐蚀监/检测实施；

③ 数据分析与报告；

④ 监/检测方案优化。

该文件还在"腐蚀管理作业文件"中针对各类设施制定了详细的规范，规范取样与样品分析管理、内腐蚀监/检测管理、外腐蚀检测与检查管理、无损检测管理等相关程序和作业流程。

（5）腐蚀风险评估　对于设施进行腐蚀风险评估，并有效管理，不但可以明确腐蚀管理的重点对象，还可以使后续工作（包括监/检测和腐蚀控制）更具有针对性和效益性。该文件为此制定了"腐蚀风险评估管理程序"，其主要内容包括：

① 腐蚀风险评估启动；

② 腐蚀风险来源识别；

③ 腐蚀风险评估内容；

④ 腐蚀风险评估结果审查；

⑤ 腐蚀风险评估结果响应。

（6）腐蚀预警　当对腐蚀监/检测结果进行分析后，发现设施存在不同程度的腐蚀情况，需要根据腐蚀的严重程度发出预警。为规范腐蚀预警工作，保证腐蚀预警信息有效传达，并及时采取措施，避免人员、财产和环境损失，该文件特制定"腐蚀预警管理程序"，其主要内容包括：

① 腐蚀分级标准和预警规则；

② 腐蚀预警报告；

③ 腐蚀预警审核；

④ 腐蚀预警处理；

⑤ 腐蚀预警关闭或降级。

（7）腐蚀失效分析　当设施发生破坏不能运转或不能继续服役时，在确定是否修复或退役之前，需要进行腐蚀失效分析，查明原因并给出结论以便决策，同时可作为今后相关方面工作的重要参考。该文件为此制定"腐蚀失效分析管理程序"，以流程图的形式展示主要内容和执行程序。

（8）软件管理系统　软件管理程序（也称"腐蚀完整性管理平台"）是对各个分公司开展的腐蚀监/检测管理、腐蚀控制管理、腐蚀预警管理、腐蚀失效管理和腐蚀技术规范等进行汇总，规定各部门用户通过管理系统软件进行操作和更新，确保软件系统中信息的及时性和准确性。该文件为此制定"腐蚀完整性管理平台软件管理程序"，主要内容包括：

① 数据和资料搜集；

② 系统开发上线；

③ 系统运行维护；

④ 系统改善升级。

8.1.1.8　绩效考核与评比

（1）目的　为了及时发现各个分公司的腐蚀隐患，并适时采取应对措施，需定期对各个分公司生产设施腐蚀完整性管理工作执行情况进行考核，以此提高分公司全员参与腐蚀完整性管理的积极性。

（2）考核范围　考核范围为各个分公司海洋油气生产设施的生产部门、管理部门以及生产部相关岗位人员。

（3）考核组织　分公司生产部根据每年腐蚀完整性管理工作的执行情况和腐蚀控制的效果，对各个部门进行考核，实施方法如下：

① 生产部全面负责腐蚀完整性管理工作执行情况的考核；

② 生产部每年年初审核各个作业区腐蚀管理计划，并分别制定考核标准；

③ 生产部负责制定考核计划，并核定考核标准的完成情况；

④ 每年的年中和年末，生产部组织专家进行两次考核；

⑤ 管理考核和技术考核的项目与要求参考相关表格；

⑥ 海底管道的考核项目包含在"海底管道运营维护阶段完整性管理工作手册"的要求中，直接引入考核结果。

8.1.2　腐蚀完整性管理标准

8.1.2.1　管理标准

海洋油气生产中的设备设施腐蚀完整性管理体系文件是依据中国海洋石油集团有限公司 QHSE 管理的相关原则，在借鉴国际先进能源企业设备设施腐蚀完整性管理最佳实践，整合公司及所属单位现有设备设施管理文件的基础上编写。腐蚀管理体系文件的编制依据主要为：

① PAS 55-1—2008 资产管理 有形资产的最优化管理细则。

② GB/T 19001—2016 质量管理体系 要求。

③ GB/T 24001—2016 环境管理体系 要求及使用指南。

④ OHSAS 18001—2007 职业健康安全管理体系 要求。

⑤ ISO 31000—2009 风险管理原则与实施指南。

⑥ OGP 415 资产完整性-管理重大事故风险的关键。

⑦ 中国海洋石油集团有限公司在职业健康安全环境方面的有关管理文件。

⑧ 中国海洋石油集团有限公司和中海石油（中国）有限公司设备设施管理文件。

⑨ 借鉴的国内外设备设施完整性管理的良好作业实践等。

8.1.2.2　技术标准

（1）平台钢结构技术标准

① SY/T 6930—2012 海上构筑物的保护涂层腐蚀控制。

② SY/T 10008—2010 海上钢质固定石油生产构筑物的腐蚀控制。

③ CCS GD04—2005 海上平台状态评定指南。

④ 国经贸安全 [2000] 944 号 海上固定安全平台规则。

⑤ DNV RP B401—2011 阴极保护系统设计。

⑥ NACE SP 0108—2008 使用防护漆对海上平台结构进行防腐蚀控制。

⑦ NACE SP 0176—2007 海上固定式石油生产钢质构筑物全浸区的腐蚀控制等。

（2）压力管道技术标准

① SY/T 6151—2009 钢制管道管体腐蚀损伤评价方法。

② TSG D0001—2009 压力管道安全技术监察规程。

③ Q/HS 2064—2011 海上油气田生产工艺系统内腐蚀控制及效果评价要求。

④ ASME B31.3—2008 工艺管线。

⑤ DNV RP-F101 Corroded Pipelines。

⑥ NACE SP0106—2006 Control of Internal Corrosion in Steel Pipelines and Piping Systems。

⑦ NACE SP0110—2010 Wet Gas Internal Corrosion Direct Assessment Methodology for Pipelines。

⑧ NACE SP0169—2007 Control of External Corrosion on Underground or Submerged Metallic Piping Systems。

⑨ NACE SP0206—2006 Internal Corrosion Direct Assessment Methodology for Pipelines Carrying Normally Dry Natural Gas（DG-ICDA）。

⑩ NACE SP0208—2008 Internal Corrosion Direct Assessment Methodology for Liquid Petroleum Pipelines。

⑪ NACE SP0502—2010 Pipeline External Corrosion Direct Assessment Methodology。

⑫ SSPC-SP1 溶剂清洗等。

（3）压力容器技术标准

① JB/T 4730 承压设备无损检测。

② SY 0007 钢质管道及储罐腐蚀控制工程设计规范。

③ SY/T 0087.3—2010 钢制管道及储罐腐蚀评价标准　钢质储罐直接评价。

④ SY/T 6620—2014 油罐检验、修理、改建和翻建。

⑤ TSG R0004—2009 固定式压力容器安全技术监察规程。

⑥ TSG R7001—2013 压力容器定期检验规则。

⑦ API 572 Inspection of Pressure Vessels。

⑧ API 575 Inspection of Atmospheric and Low Pressure Storage Tanks。

⑨ API 581 Risk-Based Inspection Technology。

⑩ API 653 Tank Inspection，Repair，Alteration，and Reconstruction。

⑪ API RP 651 Cathodic Protection of Aboveground Petroleum Storage Tanks。

⑫ NACE RP0193—2001 地上碳钢储罐底部外部阴极保护。

⑬ NACE SP0575—2007 原油处理容器内部阴极保护。

（3）海底管道技术标准　海底管道运营维护阶段完整性管理工作手册。

（4）陆地终端管道技术标准

① TSG D7003—2010 压力管道定期检验规则-长输（油气）管道。

②《海底管道运营维护阶段完整性管理工作手册》。

③ NACE SP0502—2010 Pipeline External Corrosion Direct Assessment Methodology。

④ NACE SP0208—2008 Internal Corrosion Direct Assessment Methodology for Liquid Petroleum Pipelines。

⑤ NACE SP0110—2010 Wet Gas Internal Corrosion Direct Assessment Methodology for Pipelines。

⑥ NACE SP0206—2006 Internal Corrosion Direct Assessment Methodology for Pipelines Carrying Normally Dry Natural Gas（DG-ICDA）。

⑦ NACE SP0106—2006 Control of Internal Corrosion in Steel Pipelines and Piping Systems。

⑧ NACE SP0169—2007 Control of External Corrosion on Underground or Submerged Metallic Piping Systems。

（5）全面腐蚀管理系统软件管理标准

① ISO/IEC 14764—2006 Software Engineering-Software Life Cycle Processes-Maintenance。

② GB/T 14394—2008 计算机软件可靠性和可维护性管理。

③ GB/T 20157—2006 信息技术 软件维护。

④ GB/T 14079 软件维护指南。

8.2 腐蚀完整性的数据采集与风险评估

8.2.1 数据采集

8.2.1.1 目标

为了保证分析结果的准确性、可再现性和每次评价的一致性，数据收集工作要进行全面的策划和全方位的收集与分析，要覆盖到工作范围内的所有设计资料、建造安装及竣工资料、运行数据、生产数据、检验及检测数据、维保及巡检数据、工艺防腐数据、管理数据和管理文件等。

8.2.1.2 资料收集的范围

数据收集的范围为完整性管理对象相关设备和设施，主要包括原油处理系统、生产水处理系统、天然气处理系统、海水处理系统等生产单元的平台、船体、单点、压力容器、压力管道、储罐等设备和实施。

8.2.1.3 资料收集的内容

(1) 设计资料

a. P&ID 图，包括控制参数和控制方式、管道介质、工艺管道等级编号等；

b. PFD 图，包括工艺流程、中间介质的标定信息、工艺参数的标定信息等；

c. 设备资料台账，包括设备和管道原始厚度图（安装单位施工图）；

d. 设计单位资质，如设计、安装、使用说明书，设计图样，强度计算书等。

(2) 建造安装及竣工资料

a. 制造单位资质、制造日期、产品合格证、质量证明书（实际壁厚、材质、重要金属杂质含量等）等；

b. 大型压力容器现场组装单位资格、安装日期、竣工验收文件等；

c. 装置基础资料（投用日期、装置尺寸、结构、容积、材质、防腐层、基础类型、设计厚度、附件、附属设备等）及相关图纸；

d. 设备设计竣工图（设备内部结构、设备最新长度、壁厚、材质、设计压力、设计温度、操作压力、操作温度、腐蚀裕量等）；

e. 管道设计竣工图〔管道最新长度、壁厚、材质、设计压力、设计温度、操作压力、操作温度、与管板连接方式（胀接＋焊接、焊接）〕；

f. 制造过程中第三方检验机构或海洋石油专业设备检验机构出具的报告书。

(3) 运行数据　运行数据包括：运行周期内的检验报告书，运行记录、操作条件变化情况，以及运行中出现异常情况的记录等。

(4) 生产数据　生产数据包括：工艺数据、介质数据、控制系统数据（实际操作温度、液位、温度波动、气相管道流量等）；化验台账（腐蚀介质的浓度、浓度变化等）；生产信息报表（气产量、油产量、水产量等）；化学药剂（注入点、注入量、注入频率等）等。

(5) 检验及检测数据　检验及检测数据包括：检测报告（是否存在缺陷、实际壁厚、局部缺陷位置等）；腐蚀监测报告（定点监测位置、壁厚、化学介质的化验结果等）。

(6) 维保及巡检数据　维保及巡检数据包括：检维修记录，维修或者改造的文件（设备管道的更换和修理、焊接方法、设备损伤失效记录等），重大改造维修证书，竣工资料，改造、维修监督检验证书等。

(7) 工艺防腐数据

a. 基础资料的管理信息；

b. 腐蚀监/检测在线监/检测技术的有效性；

c. 保温层下腐蚀针对性管理措施的有效性；

d. 氯离子应力腐蚀的管控情况；

e. H$_2$S 的腐蚀影响因素的监测情况；

f. 现有的工艺防腐策略、腐蚀监/检测策略、设备防腐策略等；

g. 定点测厚及在线腐蚀监测数据。

（8）管理文件

a. 工艺操作规程（日常设备操作方法、紧急状态下的操作方法、各个工艺单元的功能等）；

b. 装置操作规程（开停车方案：吹扫介质、开停车温度变化梯度等）；

c. 生产装置腐蚀管理工作情况，包括可能采取的材料升级、腐蚀监/检测、防腐管理措施；

d. 生产部门的现有腐蚀管理数据，包括定期检验计划、检验记录、化验分析内容、腐蚀探针及挂片布置等；

e. 目前已有软件系统应用和架构（需要了解整体状况），包括可能应用的 LIMS 系统、设备管理系统、MES 系统、腐蚀探针在线监测系统以及接口授权情况；

f. 生产部门腐蚀管理工作参照的标准规范。

（9）其他

a. 历史腐蚀数据、档案；

b. 开停工记录；

c. DCS 半年内的历史记录及超调报警记录；

d. 半年内的化验数据和最近 3 次标定数据；

e. 失效分析报告；

f. 腐蚀调查报告；

g. RBI 分析报告。

8.2.2 腐蚀风险评估

腐蚀风险评估考虑失效带来的后果和失效可能性两方面的计算，通过后果和可能性的结合考虑，可识别出哪项设备在风险管理中最值得关注。

$$风险（RISK）= 失效可能性（POF）\times 失效后果（COF）$$

借助 RBI 辅助软件，可以实现对设备和管道的定量风险分析。RBI 辅助软件内部集成了失效可能性和失效后果的计算模块和事故概率数据库，计算原理如图 8-3、图 8-4 所示。

按照评估流程分析出腐蚀失效可能性和失效后果，然后得到每个设备或管道的风险。对装置整体和分系统的风险进行分析，找到高风险设备或管道及高风险因素，对其重点关注，详见图 8-5～图 8-7。

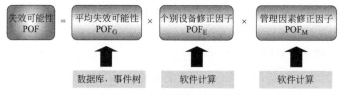

图 8-3　失效可能性计算原理

图 8-4　失效后果计算原理

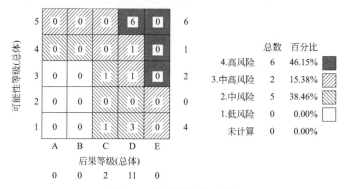

图 8-5　装置风险分布图

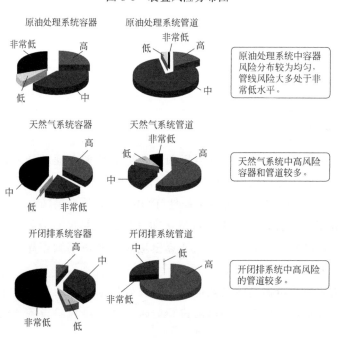

图 8-6　分系统风险分布图

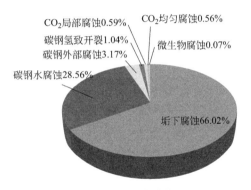

图 8-7　风险因素分布图

根据风险分析结果，对高风险的设备或管道制定检验方案。为了保证检验的有效性，应针对可能的失效类型，选择有效的检验方法，确定合理的检验比例和检验位置。不同检验技术对各种破坏形式的有效性见表 8-1。

表 8-1　不同检验技术对各种破坏形式的有效性

检验技术	减薄	焊缝裂纹	近表面裂纹	微裂纹/微孔形成	金相变化	尺寸变化	鼓泡
宏观检查	1~3	2~3	X	X	X	1~3	1~3
超声测厚	1~3	3~X	3~X	2~3	X	X	1~2
超声检测	X	1~2	1~2	2~3	X	X	X
磁粉检测	X	1~2	3~X	X	X	X	X
渗透检测	X	1~3	X	X	X	X	X
声发射	X	1~3	1~3	3~X	X	X	3~X
涡流	1~2	1~2	1~2	3~X	X	X	X
射线检测	1~3	3~X	3~X	X	X	1~2	X
尺寸检测	1~3	X	X	X	X	1~2	X
金相	X	2~3	2~3	2~3	1~2	X	X

注：1 为高度有效；2 为适度有效；3 为可能有效；X 为不常用。

根据风险分布的不同，制定不同的检维修策略。策略的制定原则如表 8-2 所示。

表 8-2　策略制定原则

风险等级	控制策略
低	采取事后维修策略，对发生泄漏的发生时间、缺陷类型和形貌进行详细记录，并利用统计学分析方法以平均损伤速率估算设备和管道部件的失效时间，进行更换准备
中	采取适当效率的检验计划，以保证在下一个检验周期到来之前将风险控制在该区域内

风险等级	控制策略
中高	采取提高检验效率的方式降低风险等级，标定定期定点检查，在到达预防性维修时间之前这段时间内对相关设备单元和管道以剩余寿命为基础进行定点测厚和定期损伤泄漏检查
高	采取最高效率的检验策略，并整合设备单元和管道设计、制造、安装、运行、维修中所有数据，根据其潜在损伤机理进行综合损伤诊断，以诊断结论为基础采取根治性维修策略，对这些设备单元及其所在工艺系统进行再设计和更换

8.3 海底管道的完整性检验评估

应依据海底管道内检测、外检测结果，进行海底管道缺陷特征识别，采用基线评估、试压评价、缺陷适用性评估、外腐蚀直接评价（ECDA）、内腐蚀直接评价（ICDA）、合于使用评估等方法进行海底管道完整性评价，为海底管道的安全运行与维护管理提供依据和保障。

8.3.1 完整性检验评估要点

① 海底管道动静态数据采集、数据更新与数据整合要求；

② 海底管道高后果区识别管段划分方法、高后果区识别方法、风险段划分方式；

③ 海底管道风险识别考虑因素、风险等级确定方法及风险控制原则；

④ 海底管道内检测年度工作计划制定要求与工作计划实施流程；

⑤ 内检测资料及数据的管理要求；

⑥ 海底管道外检测年度工作计划制定要求与工作计划实施流程；

⑦ 外检测资料及数据的管理要求；

⑧ 海底管道完整性评价要求；

⑨ 海底管道悬跨治理要求；

⑩ 常规维护与测试内容及要求；

⑪ 紧急维修要求；

⑫ 维修维护报告编制及审查要求；

⑬ 完整性管理效能评估要素与要求；

⑭ 审核评价要求与持续改进。

8.3.2 实施流程

海底管道运营维护阶段的基于风险的流程管理和实施，由作业公司/作业区负责组织进行，基于风险的管理流程见图8-8。

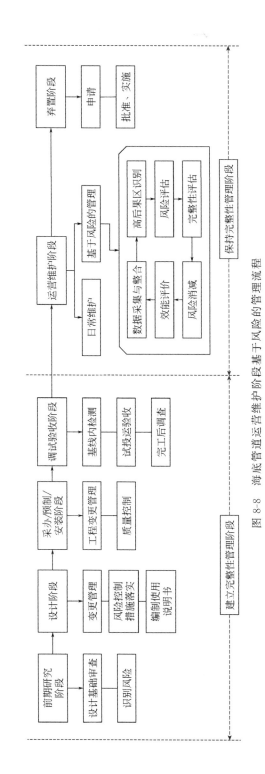

图 8-8　海底管道运营维护阶段基于风险的管理流程

8.3.3　完整性管理关注重点及管理策略

（1）关注重点　风险评估结果、检测方案、完整性评估与效能评价是此阶段的完整性管理关注重点。

（2）管理策略　有限公司设备设施完整性主管部门应对海底管道完整性管理工作进行定期审核；（分/子）公司生产部应对作业公司/作业区的海底管道基于风险的管理情况进行监督。

8.3.4　数据采集与整合

8.3.4.1　数据采集

① 根据数据采集工作计划，按照海底管道信息系统完整性数据模板进行数据采集。

② 制定数据采集计划。

设计数据由工程建设阶段的数据导入。

由分公司生产部设备设施完整性岗负责，装备岗和生产岗配合，制定数据的采集计划，应明确数据采集目标、范围、时间安排、数据要求、数据格式、数据质量、职责安排、采集频次等。

8.3.4.2　数据整合

（1）数据整合

① 数据录入　生产单元负责向"开发生产动态数据库"中录入化学药剂注入数据、海底管道运行工况数据，当海底管道清管完毕后，将清管数据填入常规清管数据表中，并将数据传递到作业区维修岗。

由作业单元维修岗负责，生产岗配合向"海底管道完整性信息化管理系统"录入流体性质、内外检测、腐蚀监测、常规清管等数据。

② 数据校验与整合　（分/子）公司设备设施完整性主管部门不定期审核数据的完整性情况。

作业单元维修岗负责数据的真实性和准确性校验，数据校验可通过信息化管理系统进行，必要时需要与现场情况进行核实。

作业单元自行或委托第三方将校验后的数据进行整合，整合过程依据海底管道完整性管理数据模板进行，将从多种渠道获得的各种数据综合起来，并与管道位置准确关联。

③ 数据监控和分析　为了杜绝隐患，避免异常数据未被发现，对信息系统中的数据采取多级监控和分析的策略。

第一层级：作业单元维修岗、生产岗负责对数据进行监控，及时对异常数据进行分析，发现问题时采取纠正措施。

第二层级：（分/子）公司设备设施完整性管理岗不定期对数据录入系统的及时性、准确性进行审核，并督促作业单元维修岗整改，同时对异常数据进行分析。

第三层级：由（分/子）公司生产部牵头，定期（至少每年一次）组织专家对海底管道完整性信息化管理系统中的数据进行分析，或者委托第三方对系统进行系统性的分析。

（2）数据更新　生产单元应每天更新海底管道运行工况数据。

当流体性质、内外检测、腐蚀监测、清管、管件与阀门、环境条件、管道等数据发生变化时，作业单元维修岗1个月内在信息系统中更新。

（3）数据的使用　（分/子）公司确定数据的访问与修改权限，（分/子）公司内实现数据共享，公司外的单位与人员使用数据应签署保密协议。（分/子）公司设备设施完整性管理岗负责数据备份工作，明确数据保存要求。

8.3.5　高后果区识别

（1）高后果区识别频次的确定　新建海底管道应在工程建设阶段进行初次高后果区识别工作，试运行6个月后应进行1次校核。在役海底管道每3～5年进行1次高后果区识别。当工况、环境条件发生明显改变时，应进行高后果区识别。

（2）高后果区管段划分原则　海底管道在进行高后果区评分时，将海底管道划分为立管段、平台或FPSO附近500m以内、平台或FPSO的中间段、近岸段500m以内管段。

（3）海底管道高后果区评分　按照表8-3对海底管道进行高后果区评分。

表8-3　海底管道高后果区分级评分

序号	因素	高后果区评分依据			
		4分	3分	2分	1分
1	管道中心线200m内的农渔业区	<50m	50～100m	100～150m	150～200m
2	管道中心线200m内的港口航运区	<50m	50～100m	100～150m	150～200m
3	管道中心线200m内的工业与城镇用海区	<50m	50～100m	100～150m	150～200m
4	管道中心线200m内的旅游休闲娱乐区	<50m	50～100m	100～150m	150～200m
5	管道中心线200m内的海洋保护区	<50m	50～100m	100～150m	150～200m
6	管道中心线500m内的平台	<200m	200～300m	300～400m	400～500m
7	介质有害性	H_2S 分压高（≥1MPa）	H_2S 分压中等[0.1MPa，1MPa）	H_2S 分压低（<0.1MPa）	不含 H_2S

序号	因素		高后果区评分依据			
			4分	3分	2分	1分
8	输送压力		高 (≥6MPa)	中 [3MPa, 6MPa)	较低 [1MPa, 3MPa)	低 (<1MPa)
9	管径		大 (≥1066mm)	中 [533mm, 1066mm)	较小 [266mm, 533mm)	小 <266mm
10	管线泄漏量(10min泄漏量)	输气管线	≥1000m³	[100m³, 1000m³)	[10m³, 100m³)	<10m³
		输油管线	≥10m³	[5m³, 10m³)	[0.5m³, 5m³)	<0.5m³

注：总分值为10项评分相加，最高分值为40分。

（4）高后果区分级　按照表8-3进行海底管道高后果区分项评分，根据总分值大小进行重要程度排序，确定海底管道高后果区分级，根据评分高低优先制定和实施针对性的完整性管理措施。

① 低等级高后果区：<10分。

② 中等级高后果区：10～20分。

③ 较高等级高后果区：20～30分。

④ 高等级高后果区：>30分。

8.3.6　风险评估

8.3.6.1　风险评估频次的确定

对新海底管道在试运行6个月内完成1次风险识别与评估，运行年限小于20年的海底管道每3～5年进行1次风险识别，运行年限≥20年的海底管道每1～3年进行1次风险评估，并在信息系统中更新数据。海底管道陆上段每2年进行1次风险识别。当运行工况、海床条件发生明显改变或防腐失效时，（分/子）公司作业单元应组织专家进行风险识别与评估。

8.3.6.2　潜在风险识别

根据海底管道的特点，应委托具有有效资质的检验机构/单位全面收集与分析海底管道设计、施工、运行与管理维护资料，包括但不限于设计图纸、文件与有关强度计算书、质量证明材料、安装监督检验证明文件、安全及其竣工验收资料等，有效辨识所有危害管道结构完整性的潜在危险，主要包括：

① 固有危险，如制造与安装、改造、维修施工过程中产生的缺陷；

② 运行过程中与时间有关的危险，如内腐蚀、外腐蚀、应力腐蚀；

③ 运行过程中与时间无关的危险，如第三方破坏、外力破坏、误操作；

④ 其他危害管道安全的潜在危险。

根据海底油气管道失效统计数据，主要的风险因素为：

① 第三方破坏与机械损伤；

② 腐蚀与冲蚀；

③ 设计与工程建设；

④ 结构；

⑤ 运行与管理；

⑥ 自然与地质灾害。

8.3.6.3　成立风险分析评估小组

① 作业单元组织开展风险分析评估，应按照"设备设施完整性风险管理程序"成立风险分析评估小组，组长由作业单元经理或岗位经理担任。

② 组员由组长根据评价需要选择或指定，必要时可请相关专家参与。

③ 风险分析评估小组在进行风险分析时，应参照"设备设施完整性风险管理程序"中高、中等级风险评估记录表做好记录。

8.3.6.4　风险评估方法

可采用定性、定量风险评估方法开展海底管道风险评估。

陆上管道风险评估参照美国石油学会 API 1160《危险液体管道完整性管理》、ASME B31.8S《天然气管道完整性管理》。

海底管道风险评估流程见图 8-9。

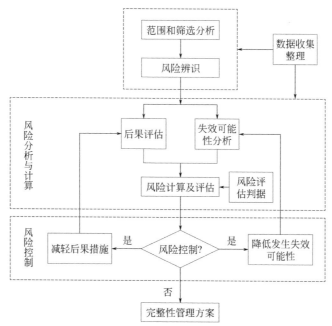

图 8-9　海底管道风险评估流程

8.3.6.5 定性风险评价方法

针对海底管道识别的失效模式，可采用定性风险矩阵进行第三方破坏与机械损伤、腐蚀与冲蚀、设计与工程建设质量、结构、运行与管理、自然与地质灾害等因素的风险评估，根据不同失效模式发生的可能性和失效后果，从安全、环境、经济损失、维修成本、声誉等方面确定风险等级。

海底管道失效概率等级划分见表 8-4。

表 8-4 海底管道失效概率等级划分

等级	定量	定性	描述
1	> 10^{-2}	非常高	在小的管道样本中，每年发生一次或一次以上的失效
2	10^{-3} ~ 10^{-2}	高	在大的管道样本中，每年发生一次或一次以上的失效
3	10^{-4} ~ 10^{-3}	中等	在小的管道样本中，每年发生一次或一次因超出设计寿命造成的失效
4	10^{-5} ~ 10^{-4}	低	在大的管道样本中，每年发生一次或一次因超出设计寿命造成的失效
5	< 10^{-5}	非常低	几乎没发生过失效

注：一个小的管道样本是指 20~50 个统计对象，而一个大的管道样本是指 200~500 个统计对象。

海底管道失效概率等级划分见表 8-5。

表 8-5 海底管道失效概率等级划分

风险后果等级	后果描述
5（灾难性）	管道全部损失；大量重度污染介质泄漏，不能被除掉，并需要很长时间被空气和海水分解；修复管道需要大量的经济投入和长时间的生产关断，多于一人死亡
4（重大）	失效引起无限期的管道关断，造成重要的设施失效和经济损失；污染介质大量泄漏，但可以从空气或海水中除掉，或经一段时间后被空气和海水分解；修复需要在水下进行；在恢复生产之前，管道系统的修复不能完全被验证有效；有人员受伤，一人死亡
3（严重）	失效引起超出计划的设备或系统损失和产生较多的修复费用；修复超出计划，需要在水下进行；管道再运行需要提前验证修复系统；污染介质中度泄漏；泄漏介质需要一段时间才能在空气中或海水中分解或变中性，或者很容易从空气或海水中除掉；有人员严重受伤，无人员死亡
2（轻微）	污染介质轻微泄漏；泄漏介质在空气中或水中快速分解或变中性；在发生计划关断之前，可以不进行修复；会产生一部分修复费用，无人员受伤
1（可忽略）	产生运行期间不重要的效果，会产生少量的修复费用；由于无内部介质泄漏或轻微泄漏，对环境无影响或轻微影响；无人员受伤

风险大小评判矩阵见表 8-6。

定性风险矩阵评估的风险级别定义见表 8-7。

表 8-6　风险大小评判矩阵

后果大小	风险发生后果					风险发生可能性				
	声誉	安全	环境	经济损失(设施非计划关停时间)	维修成本(非计划)	1	2	3	4	5
						非常低	低	中等	高	非常高
1	轻微	轻微	轻微	轻微	轻微	1	2	3	4	5
2	一般	一般	一般	一般	一般	2	4	6	8	10
3	中等	中等	中等	中等	中等	3	6	9	12	15
4	重大	重大	重大	重大	重大	4	8	12	16	20
5	灾难	灾难	灾难	灾难	灾难	5	10	15	20	25

表 8-7　风险级别定义

风险区域	分数/分	建议的处理措施要求
P1	15~25	高风险，需要提供处理措施、计划，以及验证处理措施实施的效果，残余风险评估及定期追踪
P2	8~12	中等风险，风险责任人可考虑适当的控制措施，也可决定暂不做处理，持续监控此类风险
P3	1~6	低风险，只需要正常的处理措施或者容忍和接受风险

8.3.7　风险控制措施与基于风险的管理计划

风险控制措施应包括管理制度、岗位职责、应急预案或应急计划、改进方案或技术，以实现对设备设施风险的有效控制。

风险分析评价小组对海底管道的风险进行优先排序，并制定相应的风险减缓措施、基于风险的管理计划，见表 8-8，同时在（分/子）公司生产部备案。

表 8-8　基于风险的管理计划

序号	风险等级	风险描述
1	高风险(严重级)	海底油气管道折断、裂缝大尺寸泄漏，为"不可接受"的风险等级，应该立即采取实施性风险缓解措施，降低风险等级
2	较高风险(较严重级)	海底油气管道裂缝较小尺寸泄漏，应该及时采取针对性、实施性风险缓解措施，降低风险等级
3	中等风险(重要级)	海底油气管道穿孔小漏，要加强检测或监测，安排针对性的检(维)修计划，采取风险控制措施，控制风险，降低风险等级
4	较低风险(较重要级)	海底油气管道存在潜在的小孔泄漏，要缩短检测或监测周期，进行有效检测与评价方法的应用，监控风险，并制订相应的管理计划
5	低风险(较轻级)	可接受的风险，监控使用

针对单项高风险，选择单项得分最高的风险因素为单项高风险项，并制定出风险管理流程与计划，如表 8-9 所示。

表 8-9　单项高风险项管理

序号	风险类型	风险因素	风险管理流程与计划
1	腐蚀与冲蚀	内腐蚀 外腐蚀 冲蚀	针对腐蚀与冲蚀各单项高风险因素，由（分/子）公司完整性管理岗录入单项风险因素及分析分值，提出针对性风险管理计划： ① 制订海底管道腐蚀基于风险的管理计划，根据腐蚀状况开展内外检测； ② 定期对 CO_2、H_2S 等进行取样分析； ③ 对介质组分进行化验，考虑组分对于管线腐蚀速率的影响； ④ 应对缓蚀剂效率进行评估
2	第三方破坏与机械损伤	渔业活动 船舶碰撞 抛锚作业 挖沙作业 挖沟或打桩等其他施工作业 沿线区域使用冲突 落物 人为破坏	针对第三方破坏与机械损伤各单项高风险因素，由（分/子）公司完整性管理岗录入单项风险因素及分析分值，提出针对性风险管理计划： ① 应制定或修订海底管道第三方破坏基于风险的管理计划； ② 应增加日常巡线频率，每天至少 1 次； ③ 应通过船舶自动识别系统(AIS)等监控外来船舶动态
3	设计与工程建设	设计方案适应性差 安全系数小 钢管材料与腐蚀裕量选择不合理 安全保护系统可靠性低 工程质量缺陷	针对设计与工程建设各单项高风险因素，由（分/子）公司完整性管理岗录入单项风险因素及分析分值，提出针对性风险管理计划： ① 工艺方案改进； ② 进行内检测、外检测，根据评价结果采取更换、降压输送等方案； ③ 进行缺陷修复
4	结构失效	整体屈曲变形（埋设） 末端膨胀变形 海底稳定性 超压、超温 疲劳	针对结构失效各单项高风险因素，由（分/子）公司完整性管理岗录入单项风险因素及分析分值，提出针对性风险管理计划： ① 应制订海底管道结构基于风险的管理计划； ② 应定期进行外部勘察； ③ 应对管道进行预防维修（补强、打卡等）； ④ 应对管线已经发现的露管和悬跨管段进行一些预防性维修，如重新掩埋、加固、填充沙袋等措施

序号	风险类型	风险因素	风险管理流程与计划
5	运行与管理	达到最大许用操作压力的可能性大 结垢与沥青质沉积严重 水合物生成与堵塞严重 数据与资料管理差 人员培训效果差	针对运行与管理各单项高风险因素，由(分/子)公司完整性管理岗录入单项风险因素及分析分值，提出针对性风险管理计划： ① 应在每年七月前制定海底管道运行与管理完整性管理计划； ② 应定期对相应人员进行完整性管理培训； ③ 应对现有工艺流程、工况参数进行评价； ④ 提供天然气脱水分离效果； ⑤ 定期清管
6	自然与地质灾害	极端气候 闪电 地震 滑坡 冰载荷	针对自然与地质灾害各单项高风险因素，由(分/子)公司完整性管理岗录入单项风险因素及分析分值，提出针对性风险管理计划： ① 应制订海底管道自然与地质灾害完整性管理计划； ② 应进行日常巡线，通过瞭望或借助于望远镜对油气田附近海面进行监视，每天至少 1 次

8.3.8 内检测

8.3.8.1 内检测频次的确定

① 输送高腐蚀性介质的海底管道和登陆管道基线，检测后 3 年内应进行第二次内检测，并根据内检测评估结果确定后期检测计划。

② 输送不具有腐蚀性介质的海底管道，在试运行后 3～5 年内做第一次内检测，并根据内检测评估结果确定后期检测计划。

③ 对于在役海底管道，在文件发布后应根据风险评估结果及专家意见制定内检测工作计划。

④ 不具备内检测条件的新投运海底管道，在输送流量稳定后 6 个月内做 1 次内腐蚀直接评价（ICDA），以后至少每 3 年做 1 次内腐蚀直接评价。如果腐蚀评价结果显示腐蚀严重，应适当缩短内腐蚀直接评价周期。

8.3.8.2 内检测流程

海底油气管道内检测流程见图 8-10。

8.3.8.3 内检测结果评估与处理

依据内检测结果提供完工报告，主要内容包括但不限于以下几方面。

（1）项目概述

① 项目背景

a. 介绍项目的由来和项目内容、目的；

b. 项目的完工时间节点描述。

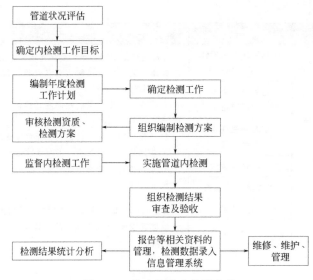

图 8-10　海底管道内检测流程

② 工作范围

a. 检测对象；

b. 检测内容；

c. 检测要求；

d. 提交报告。

（2）管道信息

① 油田概述

a. 地理环境；

b. 油田布局。

② 管道数据

a. 管道设计基本数据；

b. 管道建造数据；

c. 管道设计环境数据；

d. 管道维修数据（如果存在）；

e. 管道内检测历史数据（如果存在）。

③ 生产数据

a. 检测期间管道的运行数据，包括介质、压力、温度、输量等；

b. 输送介质组分分析报告、积砂积蜡情况等；

c. 日常清管记录（如果实施过）。

（3）检测程序

① 检测方法　检测的技术方法、原理和技术方案描述。

② 检测过程

a. 组织机构（人员、资质）；

b. 设备资源（清单、参数）；

c. 项目进度（时间、内容）。

（4）检测报告

① 实施进度报告（检测日报）；

② 现场完工报告；

③ 检测结果报告。

（5）剩余强度评估报告（如合同要求）

① 评估内容和方法；

② 评估标准和术语；

③ 评估结论；

④ 内检测档案管理。

8.3.9 外检测

8.3.9.1 外检测工作计划确定

检测周期应根据海底管道风险评估结果确定，至少不低于法律法规及规范要求。对于出现明显机械损伤、管道悬空、海床稳定性差、易出现屈曲等的海底管道，应适当缩短检测周期。

8.3.9.2 外检测流程

海底油气管道外检测流程见图 8-11。

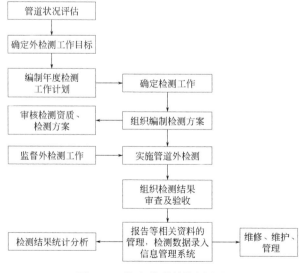

图 8-11　海底管道外检测流程

海底管道外检测主要包括以下内容：管道的铺设路由、管道的埋深、跨越点、管道悬跨、管道的机械损伤、外部涂层损伤情况、阳极状况、海床冲刷和障碍物。

8.3.9.3　外检测结果评估及处理

依据外检测结果提供完工报告，主要内容包括但不限于以下几方面。

（1）项目概述

① 项目背景

a. 介绍项目的由来和项目内容、目的；

b. 项目的完工时间节点描述。

② 工作范围

a. 检测对象；

b. 检测内容；

c. 检测要求；

d. 提交报告。

（2）管道信息

① 油田概述

a. 地理环境；

b. 油田布局。

② 管道数据

a. 管道设计基本数据；

b. 管道结构数据；

c. 管道设计环境数据。

③ 生产数据　检测期间管道的运行数据，包括介质、压力、温度、输量等。

（3）检测程序

① 检测方法　检测的技术方法、原理和技术方案描述。

② 检测过程

a. 组织机构（人员、资质）；

b. 设备资源（清单、参数）；

c. 项目进度（时间、内容）。

（4）检测报告

① 总结报告；

② 进度报告（检测日报）；

③ 文件图纸。

（5）评估报告（如合同要求）

① 评估内容和方法；

② 评估标准和术语；

③ 评估结论。

（6）建议措施　提出相关建议及措施。

8.3.9.4　海底管道检测方法使用范围和腐蚀检测频率

ROV、ROTV 等不同检测方法的适应性如表 8-10 所示。

表 8-10　海底管道检测方法的适应范围

危险类型	危险	水下机器人 (ROV)					遥控潜水器 (ROTV)					拖鱼 (Tow-fish)			清管器 [Pig(ILI)]				爬行机器人 (Crawler)	潜水员 (Diver)					
		图像/视频/照片	旁扫声呐	多波声呐	管道追踪器	浅地层剖面仪	阴极保护测试	旁扫声呐	多波束声呐	管道跟踪仪	浅地层剖面仪	侧扫声呐	管道追踪器	浅地层剖面仪	漏磁探伤	超声波检测	几何测量	管径测量	超声波检测	漏磁探伤 MFL	一般目视检查 GVI	细致目视检查 CVI	超声波检测 UT	涡流检测	水下电位
设计/制管/建造	建造/管材	√					√								√	√	√								
腐蚀/冲蚀	内腐蚀														√	√				√	√		√		
	外腐蚀						√								√	√						√	√		√
	冲蚀														√	√	√			√					
结构	自由悬跨	√	√	√				√	√				√												
	侧向屈曲	√	√	√				√	√				√												
	纵向屈曲	√	√	√				√	√	√		√	√	√			√								
自然灾害	滑坡	√	√	√		√							√												
	漂石	√	√	√		√							√												
	冲刷	√	√	√		√							√												
第三方破坏	抛锚作业	√	√	√				√					√		√	√	√	√		√	√	√	√		
	拖网作业	√	√	√				√					√		√	√	√	√	√	√	√	√	√		
误操作	不正确流程														√	√				√	√		√		
	不正确操作														√	√				√	√	√	√		

8.3.10　完整性评价

应依据海底管道内检测、外检测结果，进行海底管道缺陷特征识别，采用基线评估、试压评价、缺陷适用性评估、外腐蚀直接评价（ECDA）、内腐蚀直接评价（ICDA）、结构评估等方法进行海底管道完整性评价，为海底管道的安全运行与维护管理提供依据和保障。完整性评价方法包括：

8.3.10.1　基线评估

新建海底管道可在投运前完成或者在投运后 1.5 年内开展基线检测与评估。在役海底管道应在投产运行 10 年内完成基线评估。应针对基线评估发现的第三方破坏、疲劳、制造与工程建设缺陷以及腐蚀等海底管道安全威胁因素选择合理的方法进行评估，并制定合理的控制措施与方案。

8.3.10.2　试压评价

海底管道试压评价适用于检查海底管道的时效性危险，包括但不限于外腐蚀、内腐蚀、应力腐蚀开裂以及其他与环境有关的腐蚀失效危险。当提高海底管道最大允许操作压力，或将操作压力提高到历史操作压力（过去 5 年中记录的最大压力）以上时，必须进行压力试验，以检测是否存在时效性危险。压力试验应符合 DNV-OS-F101 的规定，试验压力应至少达到设计压力的 1.15 倍。应在海底管道的有效寿命期间，做出试压记录并保存，试压记录必须至少要包含下列数据：

① 实施方信息；

② 使用的试压介质；

③ 试验压力；

④ 试压周期；

⑤ 压力记录图，或其他压力读数记录；

⑥ 高程变化（对特殊试验至关重要）；

⑦ 泄漏和次数、事故处理方法。

8.3.10.3　缺陷适用性评估

基于海底管道全面检验结果与数据，参照国际惯例进行合于使用评价。应当结合管道全面检验情况进行合于使用评价，确定管道许用参数与下次全面检验日期。有下列情况之一的管道，应当参照国家标准或者相应规定按照许用压力进行耐压强度校核：

① 全面壁厚减薄量超过管道公称壁厚 20％的；

② 操作参数发生增大的；

③ 输送介质种类发生重大变化，改变为更危险介质的。

有下列情况之一的管道，应当进行应力分析校核：

① 存在较大变形、挠曲、破坏以及支撑件损坏等现象，且无法复原的；

② 全面减薄量超过管道公称壁厚 30％的；

③ 需要设置而未设置补偿器或者补偿器失效的；

④ 法兰经常性泄漏、损坏的；

⑤ 其他认为必要的情况。

对检测中发现的危害海底管道完整性的缺陷应进行剩余强度评估与超标缺陷安全评定，在剩余强度评估与超标缺陷安全评定过程中应当考虑缺陷发展的影响，并且对剩余强度评估与超标缺陷安全评定的结果提出运行维护意见。

根据危害海底管道安全的主要潜在危险因素合理选择管道剩余寿命预测方法，管道剩余寿命预测主要包括腐蚀寿命、裂纹扩展寿命、损伤寿命等。

针对第三方破坏与机械损伤、腐蚀与冲蚀、设计与工程建设、结构、运行与管理、自然与地质灾害等产生的不同类型缺陷、损伤，采用表 8-11 所示的评价方法进行适用性评价。

表 8-11　海底管道不同类型缺陷与损伤的评价方法

损伤	规范/准则	说明
金属损失	DNV-RP-F101	适于腐蚀管道
	ASME B31.G	包括 ASME B31.G 修正版
	PDAM	管道缺陷评价手册
凹坑	DNV-OS-F101	凹坑深度可接受的临界值
	DNV-RP-F113	管道修复
	DNV-RP-C203	疲劳
裂纹	DNV-OS-F101	要求进行详细的 ECA 评估
	DNV-RP-F113	管道修复
	BS-7910	金属结构许可裂纹缺陷评价方法导则
	PDAM	管道缺陷评价手册
划痕	PDAM	管道缺陷评价手册
自由悬跨	DNV-RP-F105	自由悬跨管道
	DNV-RP-C203	疲劳
局部屈曲	DNV-OS-F101	可接受准则
	DNV-RP-F113	管道修复
整体屈曲	DNV-RP-F110	海底管道的整体屈曲
露管	DNV-RP-F107	管道保护
位移	DNV-RP-F109	海床稳定性
防护层破坏	DNV-RP-F102	防护层修复
阳极损坏	DNV-RP-F103	阴极保护

8.3.10.4　直接评价

直接评价分为内腐蚀直接评价（ICDA）和外腐蚀直接评价（ECDA）。其主要步骤包括：①预评价；②间接检测；③详细检测；④后评价。相关标准参照如下内容：

a. NACE RP-0502 Pipeline External Corrosion Direct Assessment Methodology for Pipelines

b. NACE-SP-0206 Dry Gas Internal Corrosion Direct Assessment Methodology for Pipelines

c. NACE-SP-0110 Wet Gas Internal Corrosion Direct Assessment Methodology for Pipelines

d. NACE-SP-0208 Internal Corrosion Direct Assessment Methodology for Liquid Petroleum Pipelines

e. Multiphase Flow Internal corrosion Direct Assessment（MP-ICDA）Methodology for Pipelines

8.3.10.5 结构评估

根据海底管道环境与运行工况，选择合理的结构评估方法开展海底管道结构完整性评估，主要内容包括但不限于：

① 埋设海底管道隆起屈曲分析；

② 不埋设海底管道整体屈曲分析；

③ 海底管道位置稳定性评估；

④ 自由悬跨管段疲劳失效分析；

⑤ 膨胀弯适应性评估；

⑥ 结构安全评价与缺陷寿命分析；

⑦ 海底管道变形应力分析；

⑧ 其他结构评估。

8.3.11 维修与维护

8.3.11.1 承包商选择

除了依托自有的维修力量对海底管道进行维修维护外，还可依托专业承包商完成维修维护工作，选择承包商需考虑以下因素：

① 承包商拥有维修维护装备并配有专业人员，同时有质量保障体系；

② 承包商有现场勘察、图纸设计、维修维护方案编制、维修维护总结报告编制的能力；

③ 承包商无不良记录，按委托方要求提供维修维护档案及数据。

8.3.11.2 危险分析

海底管道在铺设和运行过程中有可能受到外部载荷的作用或腐蚀而损坏，而这些损坏可分为以下几大类：

① 在铺设过程中由于受到海流的影响，造成管道的变形或断裂；

② 在运行过程中由于受到海水的腐蚀，造成管道的穿孔泄漏；

③ 在运行过程中由于受到外力的冲击（如受到船舶抛锚冲击或渔网拖拉等），造成管道的变形或破裂；

④ 在运行过程中，海底埋地管道由于受到海流的冲刷而产生悬跨，并因涡激振动而产生疲劳断裂或拆弯；

⑤ 海底管道还可能因为管道内介质的腐蚀而产生穿孔泄漏。

按照海底管道/软管破坏后对生产和环境的影响程度，其损坏可分为四级，具体分级如下：

0级（严重级）：管道折断、裂缝大漏。

Ⅰ级（重要级）：穿孔小漏。

Ⅱ级（中等级）：管道变形、清管卡球。

Ⅲ级（较轻级）：管道内堵。

8.3.11.3 维修维护内容

（1）悬跨治理 根据外检测结果，当海底管道悬跨长度大于允许悬跨长度时，应采取适当的方法对悬跨进行治理。（分/子）公司生产部维修岗组织专家审查悬跨治理方案，由作业单元实施。

悬跨治理完成后，应提供完工报告，至少应包括以下内容：悬跨段海底管道地理位置和海床概述、海底管道结构概述、材料消耗情况、配套的施工资源、施工方案、治理前后悬跨段海底管道状况对比。条件允许时，应留有影像资料。

（2）立管及膨胀弯维护 进行定期清理海洋生物、防腐涂层检查与修复（重点防控飞溅区）、牺牲阳极检查与修复、膨胀弯压块检查、连接法兰检查、立管卡子及螺栓与立管根部支撑的检查与修复。

（3）腐蚀控制系统维护 腐蚀挂片、探针和腐蚀监测管段的检查、维护与更换，阳极检查及修复或更换、涂层破损检查及修复和电位测量等。

（4）设备的维修与维护

① 仪表及安全阀 根据仪表及安全阀校验规定执行。

② 紧急关断阀 每年适当时机，对其做一次功能测试或活动一次。

③ 发/收球器 发/收球器上相关的密封应该在每次通球时检查，发/收球筒的内外部状况、密封及有关的阀门应该在必要时进行目视检查和维护。

④ 阀门 相关的阀门应每半年注脂一次。

⑤ 绝缘法兰 定期检查其绝缘性能。

（5）缺陷修理

① 利用上螺栓的分体套管、全焊接的圆形分体套管、带压安装的全焊接的圆形分体套管和合成加强缠绕带加固受损部位。

② 把受损部位切割掉，更换整个管段或更换受损的外部缠绕带。

③ 优先考虑合适的永久性修复方法，不建议采用焊接补丁的办法进行修复。

（6）档案管理　对于缺陷修复，承包商应提供可编辑的缺陷修复完工报告，并填写数据采集单，由作业单元维修岗录入信息系统中。

8.3.12　效能评价

8.3.12.1　效能评价要求

① 每年实施一次。

② 完整性管理目标及工作计划完成情况。

③ 可针对海底管道、与完整性管理活动相关的单位或部门进行效能评价。

8.3.12.2　效能评价要素

效能评价要素包括但不限于：数据采集与整合、高后果区识别、风险评估、内/外检测、完整性评价、维修改造、效能评价等。

8.3.12.3　效能指标

① 海底管道检测完成率；

② 腐蚀速率控制百分比；

③ 海底管线巡线完成率；

④ 海底管线附属设备预防性维修计划完成率；

⑤ 海底管道数据采集率；

⑥ 海底管道数据入库计划率；

⑦ 海底管道高后果区识别率；

⑧ 海底管道风险评价完成率；

⑨ 海底管道介质组分测试完成率；

⑩ 海底管道化学药剂评价计划完成率。

8.3.12.4　检查和评比

完整性管理机构负责组织制定海底管道管理检查和评比细则，组织海底管道的检查评比工作，每年至少组织一次海底管道管理检查和评比。海底管道管理检查评比主要考察海底管道完整性管理活动的执行情况。通过海底管道管理的检查评比，评选出海底管道管理先进单位，对检查出的问题提出整改意见和期限，对不能整改的问题应进行说明并做好应急预案。

8.3.12.5 审核评定

海底管道审核评定内容包括：领导能力、资源分配与计划制定、变更管理、风险管理、完整性信息、记录和数据管理、人员培训及能力、承包商资质以及反馈与调整。

8.3.12.6 改进

效能评价最后应提交分析报告，报告应基于效能度量的结果，提出完整性管理活动的改进建议。相应单位应根据效能评价报告，实施对完整性管理活动的改进，并对所做的修改形成文件。

8.4 工艺设施的完整性检验与评估

8.4.1 工艺设施的对象

工艺设施的对象包括：海上生产工艺系统、单点、水下生产系统及其配套电气设备等。工艺设备完整性管理的四个阶段为前期研究、工程建设、运营维护和废弃处置，涉及工艺设备全生命周期的相关业务活动。

8.4.2 完整性检验评估要点

① 工艺设备动静态数据采集、数据更新与数据整合要求；

② 工艺设备风险识别考虑因素、风险等级确定方法及风险控制原则；

③ 工艺设备风险评价；

④ 工艺设备风险控制措施；

⑤ 工艺设备风险更新要求；

⑥ 紧急维修要求；

⑦ 效能评估。

8.4.3 实施流程

工艺设施完整性检验与评估流程见图 8-12。

8.4.4 风险识别

8.4.4.1 风险识别范围

① 外部风险因素　包括但不限于法律法规、行业规范、设施周边危险性社会活动等。

② 内部风险因素　生命周期内各阶段的风险因素，见表 8-12。

8.4.4.2 资料收集

① 项目经验；

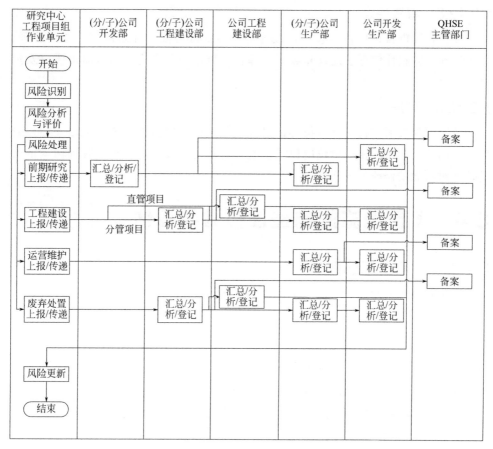

图 8-12　工艺设施完整性检验与评估流程

表 8-12　设备设施生命周期各阶段风险识别重点

生命周期		风险识别重点（包括但不限于）
前期研究阶段		设计基础参数确定、专题研究、工程方案比选、环境调查、通航环境安全论证、工程物探、工程地质勘察、海底管道路由调查、陆上终端选址及登陆点选择、安全预评价、关键设备选型、防腐工艺与选材、设施重量控制、新技术论证
工程建设阶段	基本设计	设计基础参数再确认、水文气象调查、工程物探、工程地质勘察、海底管道路由调查、陆上终端选址及登陆点选择、安全专篇、设计方案优化、设计评审、设计验证、设计确认、设计更改控制、设计承包商选择、设施重量控制、通航评估、危险及可操作性分析(HAZOP)、安全完整性等级(SIL)
	设备采办	工期、技术要求、服务支持、承包商选择
	详细设计	设计基础参数再确认、设计方案细化、建造场地、监理单位选择、设计规格书、非标设备、非标技术方案、新材料、设计更改控制、计算报告、材料数量控制、设施重量控制

生命周期		风险识别重点（包括但不限于）
工程建设阶段	陆地建造(加工设计)	建造场地、加工设计方案、尺寸控制、特殊材料的跟踪、焊接工艺评定、焊接程序评定、检验、缺陷处理、防腐工艺、保温
	施工设计	水下作业、海上安装方案、吊装分析、打桩分析、装船运输、抛锚点与原有油田设施、工程设施与开发设施、定位程序
	海上安装	实际安装位置确认(坐标、朝向和路由)、施工与设计的符合性监控、完工报告
	机械完工	单机调试、连接调试、机械完工报告
	联调/试运行	试生产方案、试生产前安全分析报告
	竣工验收	安全竣工验收
运营维护阶段		设备设施日常管理（巡检、维护、检测、监测、测试、保护、评估等）、承包商/供应商评价、合同技术标书、检修与升级换代、操作与维保说明书、作业风险分析、高后果及风险评估、设备设施档案、闲置和再利用方案、关键设备设施备品备件、特种设备管理、失效分析
废弃处置阶段		弃置前评估、失效分析
共性管理风险识别		各阶段对适用法律法规和相关要求的识别、评估和使用

② 事件（事故）调查报告；

③ 良好作业实践；

④ 检查与现场访查记录、报告；

⑤ 设备设施检查清单；

⑥历史记录、失效分析报告；

⑦ 以往留存的风险清单等。

8.4.4.3　风险识别方法

根据工艺设备的特点，以系统的方法/工具识别对项目可能产生影响的各种潜在风险。常用的风险识别方法有风险分解法、流程图法、头脑风暴法和情景分析法等。

8.4.5　风险分析与评价

8.4.5.1　成立风险分析评价小组

在开展风险分析评价时，应由风险责任单位成立风险分析评价小组，组长可由 ODP 开发方案项目经理、调整项目经理、工程建设项目总经理或副经理、作业单元经理或岗位经理担任。

组员由组长根据评价需要选择或指定，如安全、电仪、工艺、机械、结构、防腐专业人员等，或可请专家支持。

必要时，可委托专业机构进行评价。

8.4.5.2　风险评价方法

风险评价是对风险程度进行划分，以揭示影响项目或设备设施完整性的关键风险因素。风险评价包括：

① 单因素风险评价，即评价单个风险因素对设备设施完整性的影响程度，以找出影响的关键风险因素；

② 整体风险评价，即综合评价若干主要风险因素对设备设施整体的影响程度。

设备设施完整性风险评价推荐采用风险矩阵对识别出的风险进行评价，根据发生的可能性和影响程度，从声誉、安全、环境、产量损失（非计划生产关停时间）、直接经济损失等几个方面，确定风险等级，详见表8-13、表8-14的风险矩阵法。也可根据实际需要参考采用其他评价方法，详见表8-15和表8-16的风险评估技术法。

表 8-13　风险矩阵——风险发生可能性

可能性大小分级	说明
非常高(5)	① 事件极有可能发生； ② 每年发生概率 $> 10^{-2}$； ③ 记录或经验显示，在本行业内每月都会发生
高(4)	① 事件很可能发生； ② 每年发生概率 $10^{-3} \sim 10^{-2}$； ③ 记录或经验显示，在本行业内每季度都会发生
中等(3)	① 事件有可能发生 ② 每年发生概率 $10^{-4} \sim 10^{-3}$； ③ 记录或经验显示，在本行业内每年都会发生
低(2)	① 事件有可能不发生； ② 每年发生概率 $10^{-5} \sim 10^{-4}$； ③ 记录或经验显示，在本行业内 $1 \sim 3$ 年内曾发生
非常低(1)	① 事件几乎不会发生； ② 每年发生概率 $< 10^{-5}$； ③ 记录或经验显示，在本行业内 3 年以上未发生

表 8-14　风险矩阵——风险发生后果

后果大小	声誉	安全	环境	产量损失（非计划生产关停时间）	直接经济损失（人民币）/元
轻微(1)	无影响或轻微影响：没有公众反应，或者公众对事件有反应，但是没有公众表示关注	伤害可以忽略，不用离岗	危险物质泄漏，不影响现场以外区域，微损，可很快清除	无	≤1 万

后果大小	声誉	安全	环境	产量损失（非计划生产关停时间）	直接经济损失（人民币）/元
一般(2)	有限影响：一些当地公众表示关注，受到一些指责；一些媒体有报道和一些政治上的重视	轻微伤害，需要一些急救处理	现场受控制的泄漏，没有长期损害	≤3h	1万~10万
中等(3)	很大影响：引起整个区域公众的关注，受到大量的指责，当地媒体有大量负面的报道；国家媒体、当地/国家政策的可能限制措施或许可证影响；引发群众集会	受伤，造成损失工时的事故	应报告的最低量的失控性泄漏，对现场有长期影响，对现场以外区域无长期影响	3~6h	10万~100万
重大(4)	国内影响：引起国内公众的反应，受到持续不断的指责，国家级媒体大量负面报道；地区/国家政策的可能限制措施或许可证影响；引发群众集会	单人死亡或严重受伤	10~100t烃类及危险物质泄漏，对现场以外某些区域有长期伤害	6~168h	100万~1000万
灾难(5)	国际影响：引起国际影响和国际关注；国际媒体大量负面报道或国际政策上的关注；受到群众的压力，可能对进入新的地区得到许可证或税务上有不利影响；对承包方或业主在其他国家的经营产生不利影响	多人死亡	100t以上烃类及危险物质泄漏，对现场以外地方有长期影响	≥168h	≥1000万

风险级别定义与海底管道（表8-7）相同。

表 8-15　风险评估技术法

名称	简介
危险源辨识 (HAZID)	HAZID 分析是一种风险识别工具，用于项目流程图、热质平衡与草图完成后，要求有现有基础设施、气候和地理数据(这些都是外部危险的来源)。 这种方法是一种设计驱动型工具，可以帮助组织项目中的 HSE 交付成果。 这种结合头脑风暴的技术，通常涉及设计人员和客户方工程技术人员，以及项目管理、施工、调试和运营方面的人员。 其主要的分析结果和危险源等级，可以帮助项目实现符合 HSE 的相关法规要求，并成为"项目风险登记表"的一部分，这是许多许可当局的一项要求
危险和可操作性 分析(HAZOP)	HAZOP 过程可以处理设计、部件、计划程序和人为活动的缺陷所造成的各种形式的对设计意图的偏离。 HAZOP 分析通常在详细设计阶段开展，因为有计划过程的全图，尽管此时设计仍可进行调整。 但是，随着设计的继续发展，可以对每个阶段用不同的导语以阶段法进行。 HAZOP 分析也可以在操作阶段进行，但是，该阶段需要的变更可能产生较大成本
失效模式与影响分析 (FMEA)，失效模式、 效应和危害度分析 (FMECA)	FMEA/FMECA 可用来：协助挑选具有高可靠性的替代性设计方案；确保所有的失效模式及其对运行成功的影响得到分析；列出潜在的故障，并识别其影响的严重性；为测试及维修工作的规划提供依据；为定量的可靠性及可用性分析提供依据。 FMEA/FMECA 多用于实体系统中的组件故障，也可以用于识别人为失效模式及影响。 FMEA/FMECA 可以为其他分析技术，例如定性及定量的故障树分析提供输入数据
定量风险评价 (QRA)	QRA 是在项目设计阶段进行的风险识别程序，用于多个方面，包括：对预先危险性分析(PHA)确定的风险进行分析和分级；为风险管理决策提供量化数据，以及对备选流程方案进行比选
预先危险性分析 (PHA)	PHA 是一种在项目开发初期最常用的方法。 因为当时有关设计细节或操作程序的信息很少，所以这种方法经常成为进一步研究工作的前期准备。 同时，也为系统设计规范提供必要信息。 在分析现有系统，将需要进一步分析的危险和风险进行排序时，或是现实环境使更全面的技术无法使用时，这种方法会发挥更大的作用
工艺危害分析 (PHA)	PHA 是用于对与流程设计或操作/维护程序相关的所有危险进行确认和系统定性的分析方法
保护层分析(LOPA)	LOPA 可以定性使用，以简单分析危险或原因事件与结果之间的保护层。 LOPA 也可以进行半定量分析，以使 HAZOP 或 PHA 之后的筛查过程变得更严格。 LOPA 为 IEC6108 与 IEC61511 所需的独立保护层(IPL)的规格提供了依据。 在确定安全完整性级别(SIL)时，需要安全设备系统。 通过分析各保护层产生的风险减轻行为，LOPA 也可以用来对风险减轻资源进行有效的配置
安全检查表(SCL)	SCL 可用来识别危险及风险，或者评估控制效果。 其可以用于产品、过程或系统的生命周期的任何阶段，可以作为其他风险评估技术的组成部分进行使用。 其最主要的用途是检查在运用了旨在识别新问题的更富想象力的技术之后，是否遗漏问题

名称	简介
事故树分析(FTA)	FTA 可以用来对事故(顶事件)的潜在原因及途径进行定性分析,也可以在掌握因果事项可能性的知识之后,定量计算重大事件的发生概率。事故树可以在系统的设计阶段使用,以识别故障的潜在原因,并在不同的设计方案中进行选择;也可以在运行阶段使用,以识别重大故障发生的方式和导致重大事件发生不同路径的相对重要性。事故树还可以用来分析已出现的故障,以便通过图形来显示不同事项如何共同作用造成故障
事件树分析(ETA)	ETA 可用于初始事件后建模、计算和排列(从风险观点)不同事故情景。ETA 可以用于产品或过程生命周期的任何阶段。它可以进行定性使用,有利于群体对初因事项之后可能出现的情景及依次发生的事项进行集思广益,同时就各种处理方法、障碍或旨在缓解不良结果的控制手段对结果的影响方式提出各种看法。定量分析有利于分析控制措施的可接受性。这种分析大都用于拥有多项安全措施的失效模式。ETA 可用于对可能带来损失或收益的初始事件建立模型。但是,在追求最佳收益路径的情况下,更经常地使用决策树建立模型
作业条件危险性分析(LEC)	LEC 评价法是对具有潜在危险性作业环境中的危险源进行半定量的安全评价方法。该方法采用与系统风险率相关的 3 个方面指标值之积来评价系统中人员伤亡风险大小。这 3 个方面分别是: L 为发生事故的可能性大小; E 为人体暴露在这种危险环境中的频繁程度; C 为一旦发生事故会造成的损失后果。风险分值 $D=LEC$。D 值越大,说明该系统危险性越大,需要增加安全措施,或改变发生事故的可能性,或减少人体暴露于危险环境中的频繁程度,或减轻事故损失,直至调整到允许范围内
工作安全分析(JSA)	工作安全分析(JSA)是一种常用于评估与作业有关的基本风险分析工具,以确保风险得以有效控制。JSA 使用下列标准的危害管理过程(HMP):①识别潜在危害并评估风险;②制定风险控制措施(控制消除危害);③计划恢复措施(以防出现失误)。这个过程适用于任何作业任务
任务风险评价(TRA)	TRA 是用于确定与某项任务相关危害的方法。任务风险评价对危害发生可能性进行评价,对产生的风险进行评价,并确定将风险降低到最低合理可行的控制和预防措施
蝶形图分析(bow tie analysis)	蝶形图分析被用来显示风险的一系列可能的原因和后果。如果实际情况无法保证某项全面故障树分析的复杂性,或是如果人们更重视的是确保每个故障路径都有一个障碍或控制,那么就可以使用蝶形图分析。当导致故障的路径清晰而独立时,蝶形图分析就非常有用。与故障树及事件树相比,蝶形图通常更易于理解。因此,在使用更复杂的技术才能完成分析的情况下,它会成为一种有用的沟通工具
以可靠性为中心的维护(RCM)	以可靠性为中心的维护(RCM)是建立在风险和可靠性方法的基础上,并应用系统化的方法和原理,通过筛选分析,系统地对装置中的设备进行失效模式及影响分析(failure modes and effects analysis, FMEA)和评估,进而定量地确定出设备每一失效模式的风险和失效原因、失效根本原因,识别出装置中固有的或潜在的危险及其可能产生的后果,制定出针对失效原因的、适当的降低风险的维护策略

名称	简介
基于风险的检验(RBI)	基于风险的检验(RBI)是在设备检验技术、失效分析技术、材料损伤机理研究、设备安全评估和计算机等技术发展的基础上产生的新的设备和管线检验和腐蚀管理技术,其重点放在静设备、管道、船体及结构等方面。RBI对在役设备不采用常规的全面和定期检验方法,而是在风险分析的基础上,对高风险设备针对其特点进行重点检验。采用此方法,可提高设备的可靠性,降低设备检修费用,具有在保证设备安全性的基础上降低成本的效果
安全完整性等级评估(SIL)	安全完整性等级评估(SIL)是按照绝对风险准则进行的风险分析,它要求在对每一个安全系统进行风险分析的基础上进行SIL评估,确定与安全系统相关的E/E/PES(电气/电子/可编程电子系统的简称)系统的安全功能和安全完整性要求。因此,针对装置中的单元、系统、设备的每一安全系统都要以这一准则为基础来进行可靠性等级划分,进而确定相应的采购、维护、运行和监控计划。SIL是离散的,可分级表示,SIL 4是最高安全系统完整性水平,而SIL 1为最低水平

表 8-16   风险评估技术的适用性

工具及技术	风险评估过程				
	风险识别	风险分析			风险评价
		后果	可能性	风险等级	
危险源辨识(HAZID)	SA	NA	NA	NA	NA
危险和可操作性分析(HAZOP)	SA	SA	NA	NA	SA
失效模式与影响分析(FMEA)	SA	NA	NA	NA	NA
定量风险评价(QRA)	NA	SA	SA	SA	SA
预先危险性分析(preliminary hazard analysis, PHA)	SA	NA	NA	NA	NA
工艺危害分析(process hazards analysis, PHA)	SA	SA	A	A	A
保护层分析(LOPA)	SA	NA	NA	NA	NA
安全检查表(SCL)	SA	NA	NA	NA	NA
事故树分析(FTA)	NA	A	A	A	A
事件树分析(ETA)	NA	SA	SA	A	NA
作业条件危险性分析(LEC)	A	SA	SA	SA	A
工作安全分析(JSA)	A	NA	NA	NA	NA
任务风险评价(TRA)	SA	A	A	A	A
蝶形图分析(bow tie analysis)	NA	A	SA	SA	A
以可靠性为中心的维护(RCM)	SA	SA	SA	SA	SA
基于风险的检验(RBI)	SA	A	A	A	A
安全完整性等级评估(SIL)	SA	A	A	A	A

注:SA表示非常适用;A表示适用;NA表示不适用。

8.4.6　制定风险控制措施

工艺设备风险控制原则：风险处理措施首先考虑消除危险源，然后再考虑降低风险，即降低伤害或损失发生的可能性或后果，最后考虑采用个体防护措施，目的是将风险降至最低，确定合理可行。

风险处理措施应包括管理制度、岗位职责、应急预案、改进方案或技术，以实现对设备设施风险的有效控制。

8.4.6.1　风险登记

工艺设备完整性管理各阶段主管部门应对所辖范围设备设施风险评价结果进行汇总，并按风险的高、中、低形成本单位工艺设备设施风险清单（见表 8-17），经审核后在信息系统中备案，需要时反馈给相关主管、协管或执行部门。

8.4.6.2　高、中风险控制

风险责任单位应根据本单位风险情况建立设备设施高、中风险清单，并根据风险分布和等级，有针对性地做好风险控制，使风险降低至可接受的程度。每年至少应组织两次对设备设施高、中风险的再评估，内容包括：

① 高、中风险是否降到可接受程度，确定风险关闭；

② 识别出的风险和控制措施是否有效和具有可操作性；

③ 制定的控制措施是否适合于具体工作、地点以及参与人员；

④ 是否需要其他的控制措施。

8.4.6.3　风险更新时机

在下列情况（包括但不限于）出现时，应进行风险评估：

① 涉及设备设施的有关法律法规和相关要求发生变化时；

② 设备设施作业环境变化；

③ 采用新工艺、新设备、新材料；

④ 工程改造；

⑤ 设计基础变更；

⑥ 特定运行条件变化（如硫化氢、二氧化碳）；

⑦ 监测发现风险识别有疏漏时；

⑧ 设备重新启用；

⑨ 设备大修。

8.4.7　制定风险控制措施

8.4.7.1　风险控制预案

对海洋油气生产工艺设备事故等级进行划分，并针对具体对象制定应急预案。预案中至少包括以下内容：

表 8-17 工艺设备设施风险清单

设备/设施名称	活动/运行	风险因素	可能导致的事件	风险编号	风险分析/评价			拟采取措施	残余风险分析/评价			责任单位	整改时间	状态	备注
					可能性	后果	等级		可能性	后果	等级				
														□新增 □整改中 □已整改	
														□新增 □整改中 □已整改	
														□新增 □整改中 □已整改	
														□新增 □整改中 □已整改	
统计	识别出的中风险/个		识别出的高风险/个		新增风险/个				整改中的风险/个				已整改的风险/个		

① 吊机应急响应专家库。

② 应急维修资源储备

a. 应急备件。

b. 应急维修机具　工艺设备维修的专用维修机具，由吊机维修承包商进行储备，要求能够在规定时间内到达指定地点，实现应急维修。

c. 应急维修待命人员名单及联系方式　选取作业区、油气田、吊机维修承包商中，在工艺设备操作、维修方面经验丰富的专业人员，建立联系档案，在工艺设备需要应急维修时，及时响应。

③ 应急预案审核与批准　工艺设备应急预案的编制完毕后报作业区/作业公司审核、批准，并进行备案。

8.4.7.2　检验检测计划

应根据工艺设备制定有针对性的检验检测计划，检测前应先对检查对象的相关内容进行分类，检查内容分类见表 8-18。

表 8-18　检查内容分类清单

序号	检查模式	检查级别	检查类型	检查人员
1	使用前/后检查	第 1 级	常规检查	平台操作员
2	每周检查	第 1 级	常规检查	平台操作员或维修人员
3	月度检查	第 2 级	周期检查	平台维修人员
4	季度检查	第 3 级	强化检查	平台维修人员
5	半年检查	第 3 级	强化检查	平台维修人员
6	年度检查	第 4 级	法定检查	专业维修人员

注：当周检、月检、季度检、半年检、年检时间重合时，取最高级检查。

现场作业人员应根据工艺设备具体特点及运行工况，将设备拆分成若干系统和子系统，并制定详细的检查目录、检验周期及阈值指标，根据检查结果制定维修计划。某吊车柴油机系统月检查清单见表 8-19。

表 8-19　柴油机系统月检查清单

设备名称			设备编号			
设备型号			检查人员			
序号	部件	检查内容	正常 （√）	不正常 （×）	不适用 （一）	存在问题 描述
1	柴油机	空气滤器、机油滤器、燃油滤器检查				
2		皮带张紧程度检查				
3		地脚螺栓、机体连接螺栓有无松动				

序号	部件	检查内容	正常 (√)	不正常 (×)	不适用 (—)	存在问题 描述
4	电动机	对地绝缘、相间绝缘、单相阻值、加热器阻值、热继电器阻值是否正常				
5		主电机空载三相电流是否正常				
6	液压泵站	回油滤器是否堵塞				
7	主副钩/变幅绞车	绞车表面有无裂纹，侧板有无变形				
8	变幅油缸	管线固定卡有无松动、缺失				
9	回转部分	回转齿圈、回转驱动小齿轮有无磨损				
10	电气部分	电缆绝缘检查是否正常				
11		中心集电器碳刷、铜环、绝缘、箱体检查是否正常				
12		接线端子、电缆槽架有无松动，接线盒密封是否良好				

8.4.8　绩效考核

8.4.8.1　考核指标建立

工艺设备完整性管理考核是通过建立 KPI 指标，对各个海上油田工艺设备完整性管理的执行情况和结果进行考核，通常绩效指标应包括前端指标和后端指标。各（分/子）公司应结合完整性管理实施的各部门/岗位职责，对指标进行分解，并分配到部门和个人。通用完整性管理的绩效指标的考核要求见表 8-20。

表 8-20　典型的考核指标和考核标准

指标	指标分解	描述	目标值
数据 完好率	基础数据完好率	如果采用信息系统来管理船体结构的所有信息，则可以参考相关信息系统管理规定的 KPI 考核标准。考核方式为抽查完整性管理要求填写和记录的设备基础资料(一般为受控表格和文件)，计算不符合要求的数量和总抽查数的比值	100%
	数据及时入库率		98%
	数据准确率		95%

指标	指标分解	描述	目标值
计划准确性	计划偏差率	相对于年度计划，增加和减少的比率	5%
	计算分析准确性	装载优化分析的准确性，能够指导恶劣海况来临前的优化装载	90%
计划完成率	风险评价计划完成率	按时完成的计划和总计划数量的比值	100%
	维护计划完成率		98%
	检验计划完成率		98%
	完整性评价计划完成率		98%
	维修计划完成率		98%
	重新评价计划完成率		100%
	问题整改完成率		90%
返修率		设备在半年时间内发生同样失效或者维修质量不满足要求而再次维修的比率	5%
预防性维护费用比率		预防性维护费用占总维护费用的比率	60%

各（分/子）公司相关部门应在每年 12 月向总公司主管部门上报该年度的"某工艺设备完整性管理年报"，对本年度完整性开展的情况进行总结，并对下年度的计划和设想提出建议。年报内容应至少包含以下内容：

① 工艺设备状态统计；

② 更新改造、维护检修计划完成情况；

③ 缺陷统计和分析；

④ 下一年度的完整性管理计划。

8.4.8.2 定期更新

充分考虑检验维护结果、缺陷分析评价、流体及工艺条件变化以及环境和设备监测数据，应对绩效考核和完整性管理年报以下内容进行定期更新：

① 每年更新危害识别和评价；

② 不断优化基于风险的检验计划，最长不能超过 5 年；

③ 每 3 年对工艺设备完整性管理相关的受控文件进行审核和更新。

当如下情况发生时，可及时开展全部或局部的危害识别和风险评价分析：

① 重大变更要求；

② 重大事故发生或隐患发现后；

③ 法律法规要求的变化。

8.4.8.3 评比奖励

每年至少组织一次针对工艺设备完整性管理工作的检查和考核，对成绩优异者予以适当物质及精神奖励。

第 9 章　腐蚀完整性管理平台建设与应用

9.1　背景

近年来，海洋油气生产设施系统数量不断增加，腐蚀问题越来越凸显，腐蚀检测信息量逐渐增多，管理问题凸显。为了对中海油自营油田所有设施腐蚀检测信息进行梳理，急需建立起一个标准的腐蚀完整性管理平台，使管理者能够及时了解各油气田的生产设施腐蚀检测情况，以及各设备和管道的腐蚀倾向和风险分布，并采取有针对性的控制措施。

9.2　概述

腐蚀完整性管理平台具有对腐蚀检测结果进行采集、归纳、总结、查询以及预警的功能，是实现防腐管理的一个重要平台。完善、先进的腐蚀信息管理系统能存储大量宝贵的油田腐蚀数据、腐蚀治理的技术资料、腐蚀治理的经验等信息，提供的查询功能使用户能够及时了解油田的腐蚀现状。腐蚀数据库的腐蚀倾向判断功能能够使用户提前采取针对性的预防措施，减少腐蚀对油田所造成的危害。一个高效的腐蚀数据库管理系统能够实现承包商与作业公司之间的互动，实现腐蚀危害的动态管理，确保将这些危害造成的损失降低到最小。

腐蚀完整性管理平台采用基于面向对象的设计思想，将腐蚀管理信息系统分为腐蚀管理概况、腐蚀检测管理、腐蚀预警管理、分析评估管理、上传及推送报告管理、腐蚀报告管理、油田信息管理和系统信息管理，各模块数据既相互独立又相互联系，有效实现程序的重用性、灵活性和扩展性。腐蚀完整性管理平台在对油田基本信息维护的基础上，实现油田腐蚀检测、腐蚀预警、数据分析、报告查询等功能。中海石油（中国）有限公司湛江分公司腐蚀管理数据库登录界面见图 9-1。

中海石油(中国)有限公司湛江分公司腐蚀管理数据库

登录名：

密码：

确定　　取消

中海石油(中国)有限公司湛江分公司copyright@2017

图 9-1　腐蚀完整性管理平台登录界面

腐蚀完整性管理平台采用 B/S 架构，用户无须安装客户端，打开浏览器输入平台网址，待用户名及密码验证无误后，即可进入系统。平台使用 Java 主流语言进行开发，采用 SQL Server 作为数据库管理软件。客户端基于 Windows 操作系统进行开发，支持 Windows 系统上的正常运行。

服务器位于公司内部互联网，与外部互联网逻辑隔离，避免外部风险。系统依据用户不同级别、职能划分相应角色，以分配操作权限，避免越权操作，保护信息安全。

9.3　功能介绍

9.3.1　用户管理

用户登录账户根据不同单位需求由系统管理员统一配置。配置后会以邮件方式通知用户。例如：湛江分公司腐蚀管理信息平台从上到下依次分为湛江分公司、作业区、平台三个层级。拥有某级权限的用户可查看本级及下一级信息，但不能查看上一级、同级及非本级的下一级信息。

用户按照使用需求差异主要分为系统管理员、查询人员、维护人员及管理人员四类。四类用户权限关系如图 9-2 所示。

系统管理员拥有最高层级下所有模块各页面的查询及维护功能。

查询人员拥有其所在层级及其下一级模块页面的查询功能。

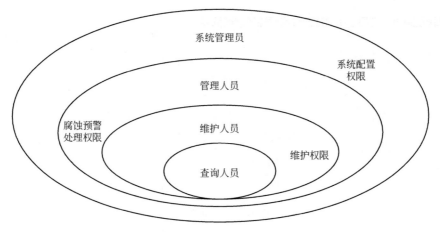

图 9-2　四类用户权限关系示意图

维护人员拥有其所在层级及其下一级模块页面的查询、维护功能。与查询人员相比，维护人员额外拥有数据维护权限。

管理人员拥有其所在层级及其下一级模块页面的查询、维护功能。与维护人员相比，管理人员额外拥有腐蚀预警处理权限。

9.3.2　密码管理

用户默认密码同用户账号相同，第一次登录后需要及时修改。用户进入系统后，在【系统管理】菜单下找到【修改密码】子菜单，进入修改密码页面，见图9-3。输入旧密码和新密码后，点击"保存"按钮即可完成密码修改。

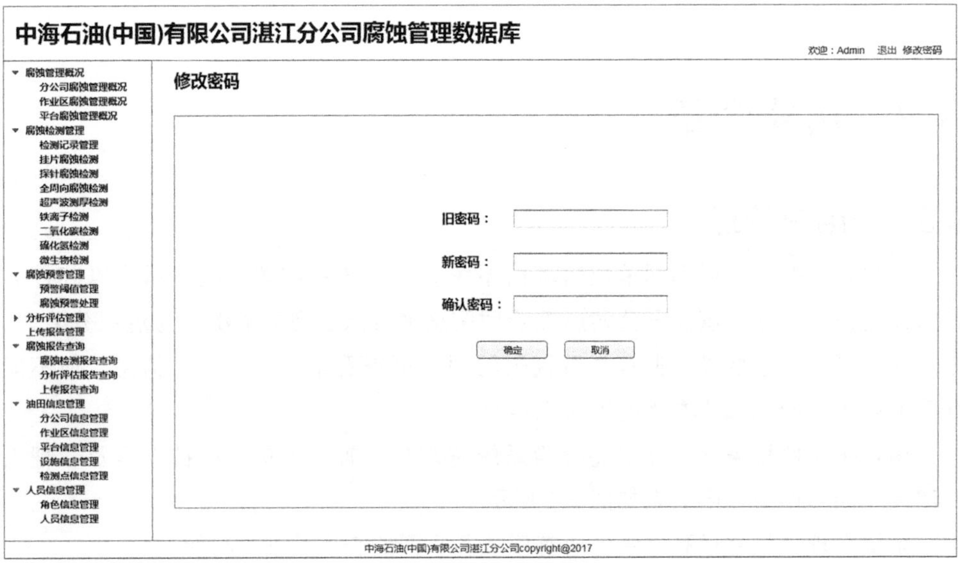

图 9-3　修改密码

9.3.3　油田业务基础信息配置

该功能主要用来配置【设备信息】、【检测点信息】。【设备信息】主要用来管理系统所有平台的设备信息。设置路径为＜系统管理—设备管理＞，点击设备管理，如图 9-4 所示。

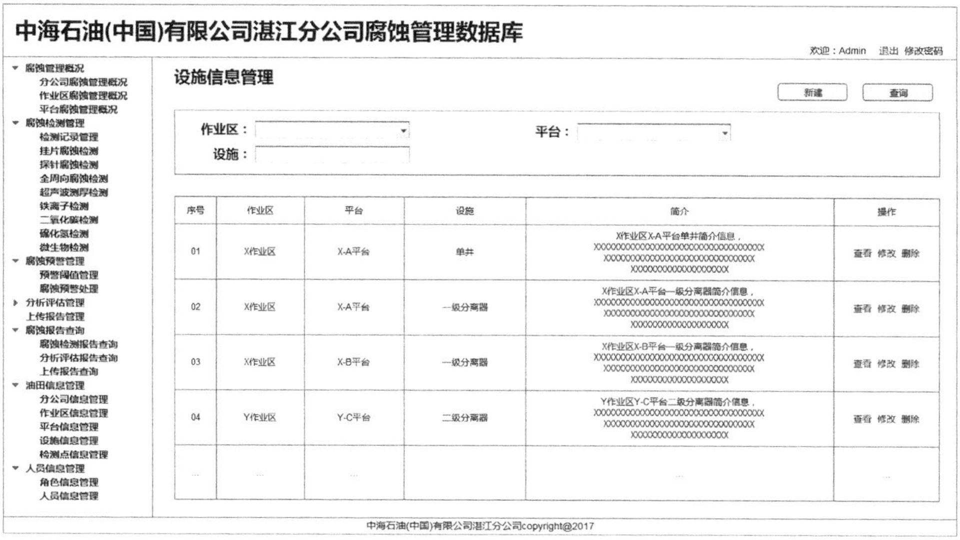

图 9-4　配置设备

【检测点信息】主要用来管理系统所有平台设备的检测点信息。设置路径为＜系统管理—检测点管理＞，点击检测点管理，如图 9-5 所示。

图 9-5　检测点管理列表

在列表中可以对已经配置的检测点进行修改、删除、查看等操作。点击"录入"按钮，录入检测点基本信息及检测点名称，如图9-6所示。

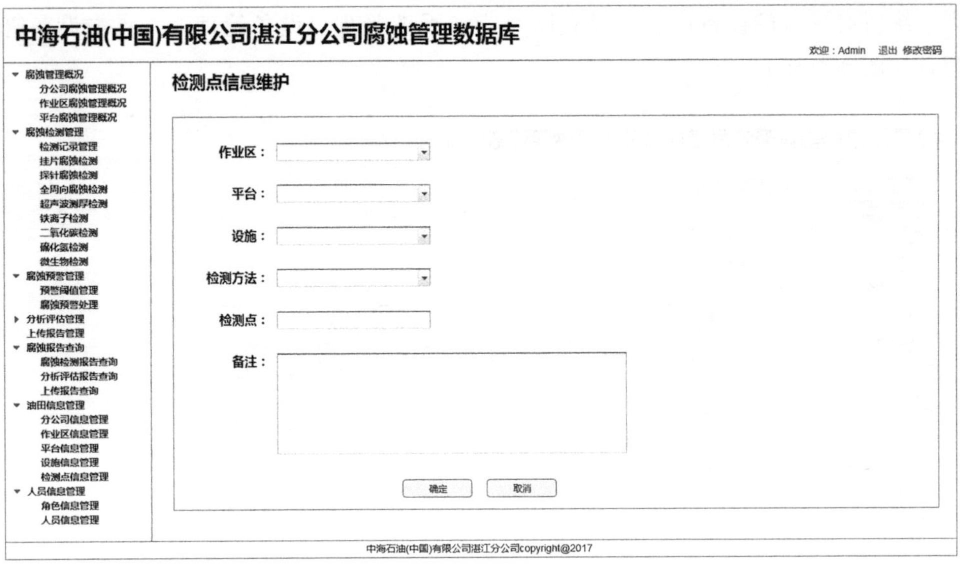

图 9-6 新增检测点

录入检测点后，在腐蚀检测数据录入时可以选择相应平台的检测点。

9.3.4 腐蚀管理

9.3.4.1 腐蚀检测管理

【腐蚀检测管理】用来对已经录入的检测数据信息进行修改、删除、查看等操作。设置路径为＜腐蚀检测—腐蚀检测管理＞，点击腐蚀检测管理，进入腐蚀检测管理列表页面，如图9-7所示。

9.3.4.2 腐蚀检测导入模板管理

【腐蚀检测导入模板管理】提供腐蚀检测导入模板的上传和下载功能。设置路径为＜腐蚀检测—腐蚀检测导入模板管理＞，点击腐蚀检测导入模板管理，如图9-8所示。

列表中罗列了所有的腐蚀检测方法，每种检测方法分为公制和英制模板，点击浏览，找到对应的检测模板，点击上传即可，上传后可以下载和删除模板。

9.3.4.3 腐蚀检测数据录入

【腐蚀检测录入】用来录入检测数据信息。检测数据录入有两种方式，一种是直接在系统页面中录入数据，另一种是下载检测模板，在模板中录入数据后再导入到系统中。

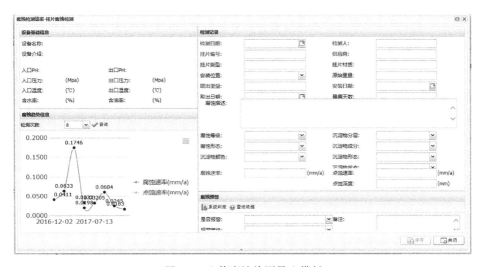

图 9-7　腐蚀检测管理列表

图 9-8　上传腐蚀检测导入模板

　　腐蚀检测方法分为三大类：常规腐蚀检测、无损检测、陆地海底管道检测。每一类又包含多个具体方法，具体可录入腐蚀检测方法见图 9-9。

常规腐蚀检测	腐蚀挂片、铁离子、目视、阴极保护、结构挂片、探针、微生物检测、垢样分析
无损检测	超声波测厚、导波、Open Vision、MT、ROV、氢通量、PT、智能球检测
陆地海底管道检测	CIPS、PCM、DCVG

图 9-9　可录入腐蚀检测方法列表

设置路径为＜腐蚀检测—腐蚀检测方法＞，点击腐蚀检测方法，找到该检测方法下的所有检测项目，比如点击腐蚀挂片，如图9-10所示。

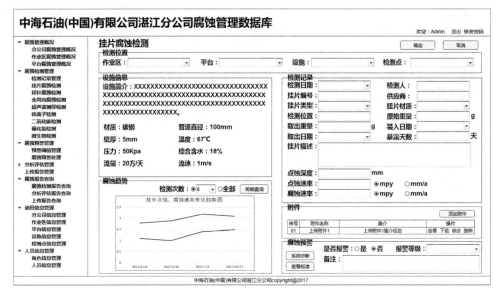

图 9-10　腐蚀检测数据录入

在该页面录入腐蚀挂片检测的记录信息，也可以在页面右上角先选择"下载模板"，在模板中填好数据后，再选择"导入"。导入后，模板中的数据将会显示在该页面，可以对其进行修改后保存，也可直接返回。其他腐蚀检测方法录入方式与上述相同。

9.3.4.4　腐蚀分析管理

【分析评估管理】用来对已经录入的数据分析信息进行修改、删除、查看等操作。设置路径为＜分析评估—分析评估管理＞。点击数据分析管理，进入数据分析管理列表页面，如图9-11所示。

9.3.4.5　数据分析录入

【数据分析录入】用来录入数据分析信息，数据分析包括腐蚀速率计算、流体腐蚀性分析、流体结垢趋势分析、腐蚀评估、选材导则、油气水分析等。每种分析又包括多种分析方法，如图9-12所示。

设置路径为＜分析评估—管段流态分析＞，以腐蚀速率计算分析方法为例，在图9-12中，点击腐蚀速率计算，再点击管段流态，如图9-13所示。

在页面填写分析位置、分析结果，上传附件，并将数据分析的输入参数项、中间变量等数据录入后，点击页面下方"计算"按钮，系统自动根据数据分析方

中海石油(中国)有限公司湛江分公司腐蚀管理数据库

欢迎：Admin 退出 修改密码

分析评估记录管理

查询

| 作业区： | | 平台： | | 设施： | |

| 分析评估方法： | | 分析评估人： | | 分析评估日期： | 至 |

序号	作业区	平台	设施	分析评估方法	分析评估日期	分析评估人	结论	操作
01	X作业区	X-A平台	一级分离器	气分析	2017-01-18	王五	正常	查看 修改 删除
02	X作业区	X-A平台	一级分离器	水分析	2017-01-22	王五	正常	查看 修改 删除
03	X作业区	X-B平台	二级分离器	CO2腐蚀速率预测	2017-01-26	王五	轻微腐蚀趋势	查看 修改 删除
04	X作业区	X-B平台	二级分离器	B硫酸钙结垢预测	2017-01-18	李四	轻微腐蚀趋势	查看 修改 删除
05	Y作业区	Y-C平台	单井A	气分析	2017-01-21	李四	异常	查看 修改 删除
06	Z作业区	Z-D平台	单井B	D硫酸钡结垢预测	2017-01-25	王五	重度腐蚀趋势	查看 修改 删除
...	...	...	...	...	...	...	...	

中海石油(中国)有限公司湛江分公司copyright@2017

图 9-11　数据分析管理列表

腐蚀速率计算	弯管冲蚀、CO_2腐蚀速率预测、管段流态
流体腐蚀性分析	pH值计算、CO_2、CO_2-H_2S等腐蚀预测
流体结垢趋势分析	A碳酸钙结垢预测—Oddo-Tomson饱和指数法、A碳酸钙结垢预测—Davis-Stiff饱和指数法、A碳酸钙结垢预测—Ryznar稳定指数法、B硫酸钙结垢预测、C硫酸锶结垢预测、D硫酸钡结垢预测、E碳酸亚铁结垢预测、F硫化亚铁结垢预测、G氢氧化亚铁结垢预测
腐蚀评估	ASME B31G钢质管道管体腐蚀损伤评价
选材导则	DNV选材
油气水分析	油分析、气分析、水分析

图 9-12　腐蚀数据分析方法

中海石油(中国)有限公司湛江分公司腐蚀管理数据库

欢迎：Admin 退出 修改密码

管段流态分析

确定 取消

分析位置

作业区： 　平台： 　设施：

分析记录

分析日期： 备注：

分析人：

输入参数

管道类型：

Vo： m3/d
Vw： m3/d
Vn： m3/d
D： m
t： ℃
PL： kg/m3
PG： kg/m3 计算

查询公式

中间变量

UG： m/s
UL： m/s

输出结果

流态：

备注：

附件

添加附件

序号	附件名称	简介	操作
01	上传附件1	上传附件1简介信息	查看 下载 修改 删除

中海石油(中国)有限公司湛江分公司copyright@2017

图 9-13　数据分析信息录入

法计算输出结果。点击"查看过程"可以查看数据分析计算过程公式。其他数据分析的录入与弯管冲蚀相同。针对录入的腐蚀速率可以生成曲线，如图 9-14 所示。

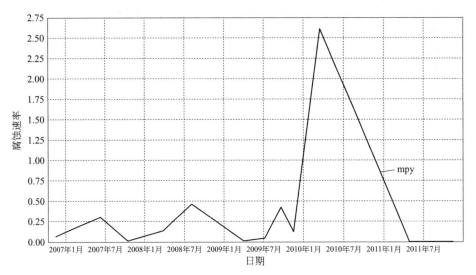

图 9-14　挂片腐蚀速率变化曲线

9.3.5　腐蚀预警管理

腐蚀预警管理模块主要功能是实现腐蚀预警阈值的设置和腐蚀预警的处理。油田管理人员拥有该模块的所有操作权限。

9.3.5.1　腐蚀预警阈值设置

【腐蚀预警阈值设置】是按照作业区来设置不同作业区腐蚀预警的预警阈值范围。系统提供一套默认的阈值模板，如果某个作业区没有设置阈值，系统将采用默认阈值进行预警。设置路径为＜腐蚀预警—腐蚀预警阈值设置＞，点击腐蚀预警阈值设置，如图 9-15 所示。

不选择作业区时，默认显示系统阈值模板，如果需要给某个作业区设置腐蚀预警阈值，首先选择分公司和作业区，然后点击"管理"按钮，系统会自动带出模板中的阈值数据供参考，如图 9-16 所示。

可以修改阈值数据，然后点击保存按钮即可。如果需要取消修改，恢复初始默认值，可以点击"恢复默认值"。

9.3.5.2　腐蚀预警查询处理

【腐蚀预警查询处理】是对出现预警的腐蚀检测结果进行统一管理，并实现预警处理功能。设置路径为＜腐蚀预警—腐蚀预警查询处理＞，点击腐蚀预警查询处理，如图 9-17 所示。

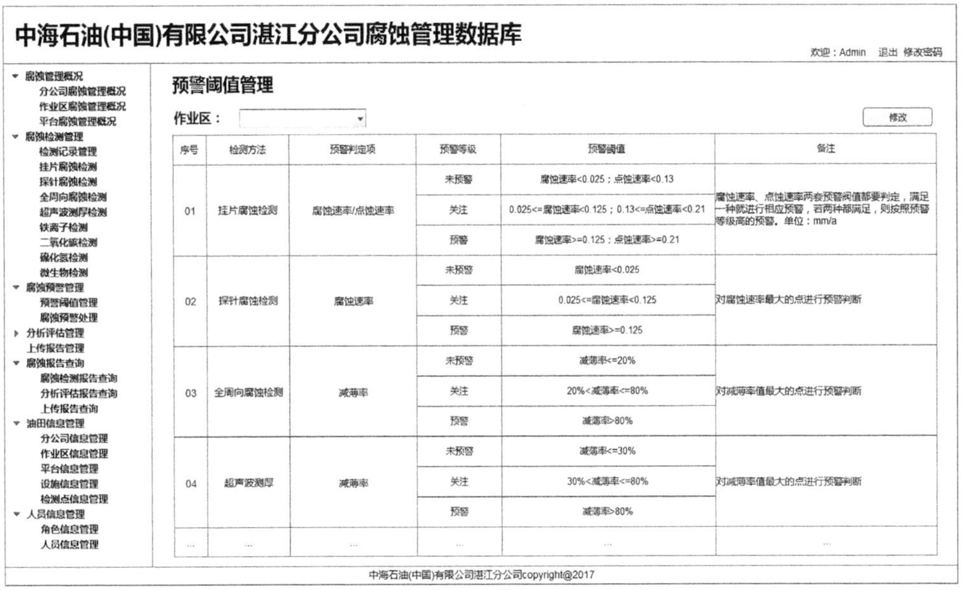

中海石油(中国)有限公司湛江分公司腐蚀管理数据库

欢迎：Admin　退出　修改密码

预警阈值管理

作业区：　　　　　　　　　　　　　　　　　　　　　　　　　　　　　　修改

序号	检测方法	预警判定项	预警等级	预警阈值	备注
01	挂片腐蚀检测	腐蚀速率/点蚀速率	未预警	腐蚀速率<0.025；点蚀速率<0.13	腐蚀速率、点蚀速率两套预警阈值都要判定，满足一种就进行相应预警，若两种预警满足，则按照预警等级高的预警。单位：mm/a
			关注	0.025<=腐蚀速率<0.125；0.13<=点蚀速率<0.21	
			预警	腐蚀速率>=0.125；点蚀速率>=0.21	
02	探针腐蚀检测	腐蚀速率	未预警	腐蚀速率<0.025	对腐蚀速率最大的点进行预警判断
			关注	0.025<=腐蚀速率<0.125	
			预警	腐蚀速率>=0.125	
03	全周向腐蚀检测	减薄率	未预警	减薄率<=20%	对减薄率值最大的点进行预警判断
			关注	20%<减薄率<=80%	
			预警	减薄率>80%	
04	超声波测厚	减薄率	未预警	减薄率<=30%	对减薄率最大的点进行预警判断
			关注	30%<减薄率<=80%	
			预警	减薄率>80%	
...					

中海石油(中国)有限公司湛江分公司copyright@2017

图 9-15　腐蚀预警阈值设置（一）

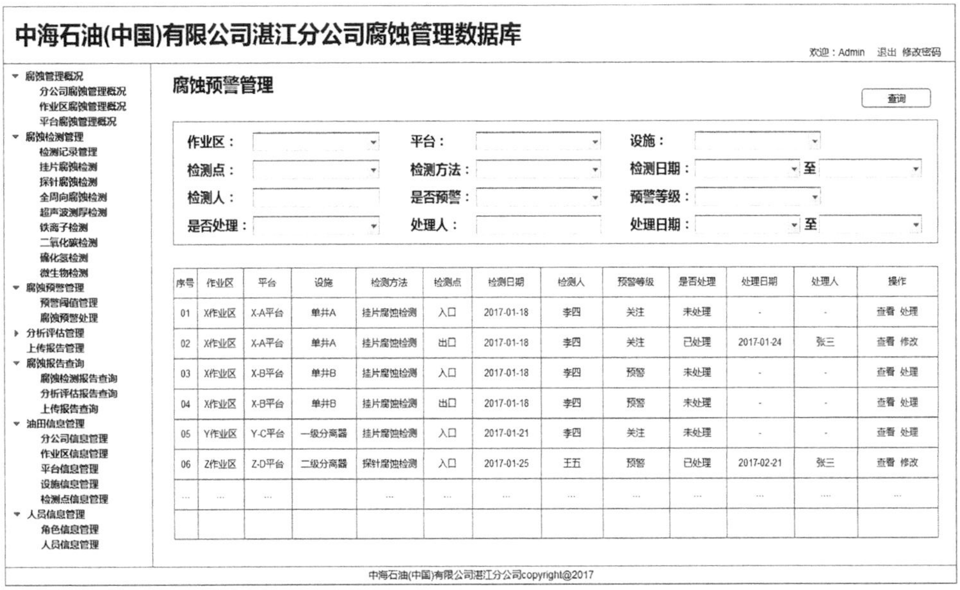

中海石油(中国)有限公司湛江分公司腐蚀管理数据库

欢迎：Admin　退出　修改密码

腐蚀预警管理

查询

作业区：　　　　　平台：　　　　　设施：
检测点：　　　　　检测方法：　　　　检测日期：　　至
检测人：　　　　　是否预警：　　　　预警等级：
是否处理：　　　　处理人：　　　　　处理日期：　　至

序号	作业区	平台	设施	检测方法	检测点	检测日期	检测人	预警等级	是否处理	处理日期	处理人	操作
01	X作业区	X-A平台	单井A	挂片腐蚀检测	入口	2017-01-18	李四	关注	未处理	-	-	查看 处理
02	X作业区	X-A平台	单井A	挂片腐蚀检测	出口	2017-01-18	李四	关注	已处理	2017-01-24	张三	查看 修改
03	X作业区	X-B平台	单井B	挂片腐蚀检测	入口	2017-01-18	李四	预警	未处理	-	-	查看 处理
04	X作业区	X-B平台	单井B	挂片腐蚀检测	出口	2017-01-18	李四	预警	未处理	-	-	查看 处理
05	Y作业区	Y-C平台	一级分离器	挂片腐蚀检测	入口	2017-01-21	李四	关注	未处理	-	-	查看 处理
06	Z作业区	Z-D平台	二级分离器	探针腐蚀检测	入口	2017-01-25	王五	预警	已处理	2017-02-21	张三	查看 修改
...												

中海石油(中国)有限公司湛江分公司copyright@2017

图 9-16　腐蚀预警阈值设置（二）

点击操作列的处理链接，对预警信息进行处理，如图 9-18 所示。

处理后，该条信息的当前状态变为已处理，此后还可对已录入的预警处理信息进行修改。

图 9-17　预警查询处理管理列表

图 9-18　预警处理

9.3.6　报告查询

报告查询包括腐蚀检测结果报告查询、数据分析结果报告查询、上传报告查询等。油田维护人员、管理人员拥有该模块的所有操作权限，油田查询人员仅拥有查询权限。

9.3.6.1　腐蚀检测结果查询

【腐蚀检测报告查询】是对腐蚀检测模块生成的检测结果进行统一查询，可以按照检测点、检测方法、处理情况等多种条件进行综合查询。设置路径为＜腐蚀报告查询—腐蚀检测报告查询＞，点击腐蚀检测结果查询，如图 9-19 所示。

图 9-19　腐蚀检测结果查询列表

　　根据查询条件，可以查询不同检测点、检测方法以及预警处理情况的全方位腐蚀检测信息。该模块是用于查询的，不具有其他编辑的操作功能。点击列表中的查看链接，可查看详细腐蚀检测信息。

9.3.6.2　数据分析结果查询

　　【分析评估报告查询】是对数据分析模块生成的检测结果进行统一查询，可以按照平台、设备、分析方法、分析时间等多种条件进行查询。设置路径为＜腐蚀报告查询—分析评估报告查询＞，点击数据分析结果查询，如图 9-20 所示。

图 9-20　数据分析结果查询列表

根据查询条件，可以查询不同设备、分析方法的数据分析信息。该模块是用于查询的，不具有其他编辑的操作功能。点击列表中的查看链接，可查看详细数据分析信息。

9.3.6.3　上传报告查询

　　【上传报告查询】提供检测与分析总结报告、腐蚀检测系统维护工作报告及其他数据分析报告等各类电子档格式报告的上传、查询及下载。其中，油田维护人员、管理人员额外拥有上传报告的权限；油田查询人员仅拥有查询、下载权限。可以按照平台、设备、分析方法、分析时间等多种条件进行查询。设置路径为＜腐蚀报告查询—上传报告查询＞，点击上传报告查询，如图 9-21 所示。

图 9-21　上传报告查询

　　根据查询条件，可以查询不同作业区上传的报告，同时可以使用报告完成时间、报告名称等条件进行查询。点击新增按钮，可以上传新的报告。上传报告见图 9-22。

图 9-22　上传报告

　　上传成功后，在查询列表中会显示刚上传的报告，如图 9-23 所示。

　海上油气田设备设施腐蚀与防护

图 9-23　上传报告列表

点击操作列的下载、预览、修改、删除等，可以执行相应的操作。选中列表中前面的复选框，如果需要全选，可以点击第一行的复选框，选择后，点击右上角的"批量下载"按钮，可以下载选中的报告。

9.3.7　油田腐蚀信息查询管理

油田腐蚀信息查询管理包括分公司腐蚀信息查询管理、作业区腐蚀信息查询管理及平台腐蚀信息查询管理。维护人员和管理人员额外拥有相应层级的维护权限，查询人员只拥有查询权限。

9.3.7.1　分公司腐蚀信息查询管理

【分公司查询】可以查看整个分公司的腐蚀信息，包括腐蚀工作量、腐蚀检测统计、腐蚀预警等信息。位于分公司层级的维护人员、管理人员拥有维护权限，查询人员只拥有查询权限。设置路径为＜油田信息—湛江分公司＞，点击湛江分公司，如图 9-24 所示。

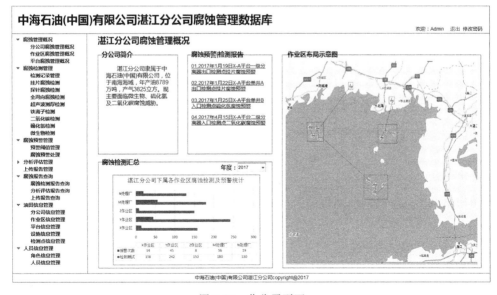

图 9-24　分公司页面

系统将自动获取湛江分公司的腐蚀检测及预警等信息，并生成相应的统计图表。对于分公司简介、设施信息等可以通过点击页面右上角的"管理"按钮来维护。

9.3.7.2　作业区腐蚀信息查询管理

【油田查询】可以查看油田的腐蚀信息，包括作业区情况、平台分布图、腐蚀预警信息、腐蚀管理工作量、腐蚀检测信息汇总等。位于作业区层级的维护人员、管理人员拥有维护权限，查询人员只拥有查询权限。设置路径为＜油田信息—湛江分公司—油田名称＞，点击某油田，如图9-25所示。

图 9-25　油田信息页面

系统将自动获取某油田的腐蚀检测及预警等信息，并生成相应的统计图表。

9.3.7.3　平台腐蚀信息查询管理

【平台查询】可以查看平台的腐蚀信息，包括平台信息、平台腐蚀预警工艺图、预警信息、腐蚀工作量、腐蚀检测柱状图、检测报告等信息。位于平台层级的维护人员、管理人员拥有维护权限，查询人员只拥有查询权限。设置路径为＜油田信息—湛江分公司—油田名称—平台名称＞，点击某平台，如图9-26所示，显示了工艺流程及检测点，虚线框表示低度腐蚀。

系统将自动获取某平台的腐蚀检测及预警等信息，并生成相应的统计图表。点击页面右上角的"管理"按钮，如图9-27所示。

可以录入和编辑平台信息，如图9-28所示。

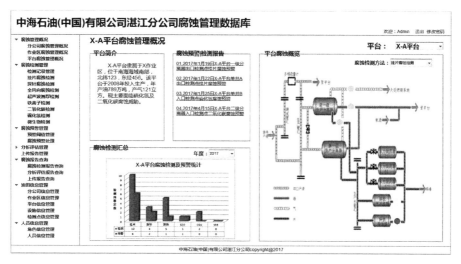

图 9-26　平台信息及检测点分布图

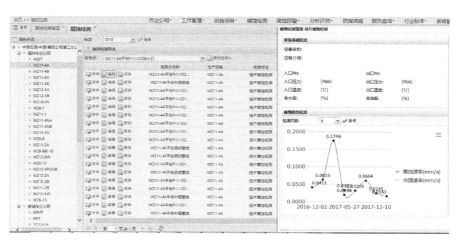

图 9-27　平台信息维护（一）

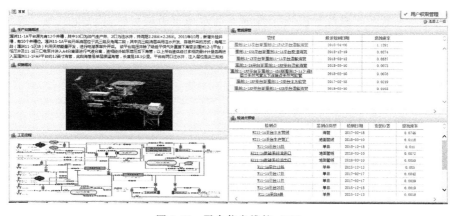

图 9-28　平台信息维护（二）

9.3.8 行业标准

行业标准主要用来上传国内外、行业内的相关标准。油田维护人员、管理人员额外拥有上传维护权限，查询人员仅拥有标准的查询、下载权限。设置路径为＜行业标准—行业标准＞，点击行业标准，如图9-29所示。

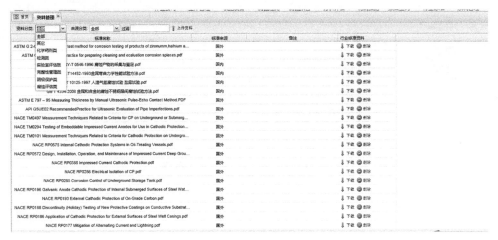

图 9-29 行业标准管理列表

在页面右上角点击"新增"按钮，如图9-30所示。

图 9-30 新增行业标准

填写标准的相关信息，上传标准文件附件，保存后返回到标准管理列表，可以对标准进行修改、删除等操作。查询人员在列表中可以下载标准附件。选中需要下载的标准前面的复选框，可以多选，然后点击"批量下载"按钮，可以实现多个标准文件的打包下载。

参 考 文 献

[1] 曹楚南. 悄悄进行的破坏——金属腐蚀. 北京：清华大学出版社，2000.

[2] ISO 12944-2—2017.

[3] 乐钻. 南海东部海域海上油气田腐蚀与防护应用技术. 北京：石油工业出版社，2013.

[4] 侯保荣，等. 海洋钢结构浪花飞溅区腐蚀控制技术. 北京：科学出版社，2011.

[5] 闫化云，等. 海上油气田腐蚀失效分析. 北京：中国石化出版社，2017.

[6] 刘孔忠，管耀华，仲华. 平湖油气田平台导管架防海生物装置的应用. 中国海上油气（工程），2003，15（1）.

[7] 谢日彬，李锋. 浅谈防海生物技术. 广东科技，2010，19（6）：37-38.

[8] 郭为民，李文军，陈光章. 材料深海环境腐蚀试验. 装备环境工程，2006，3（1）：10-15.

[9] 李辉，石磊，张雷，等. 深海水下生产设施选材与腐蚀控制. 腐蚀与防护，2015，36（3）：963-967.

[10] 潘大伟，高心心，马力，等. 模拟深海环境高强钢的阴极保护准则. 腐蚀与防护，2016，37（3）：225-229.

[11] 席强，郑百林，贺鹏飞，等. 深海金属氢致应力腐蚀断裂韧性计算方法研究. 钢铁钒钛，2018，39（1）.

[12] 张学元，邸超，雷良才. 二氧化碳腐蚀与控制. 北京：化学工业出版社，2001.

[13] SY/T 0599—1997 天然气地面设施抗硫化物应力开裂金属材料要求.

[14] 蔡继勇. 圆管内空气-油水乳状液三相流流动特性的研究[D]. 西安交通大学，1997.

[15] 盖德·希特斯洛尼. 多相流动和传热手册. 北京：机械工业出版社，1993.

[16] Shi H. A study of oil-water flows in large diameter horizontal pipelines [D]. Ohio：Ohio University，2001.

[17] 王树众. 管路内油气两相流的流动特性研究及其稳态计算程序的研制[D]. 西安交通大学，1996.

[18] Mandhane J M，Gregory G A，Aziz K. A flow pattern map for gas-liquid flow in horizontal pipes. Int J Multiphase Flow，1974，1：537-553.

[19] 陈学俊. 多相流热物理研究的进展. 西安交通大学学报，1994，28（5）：1-8.

[20] 肖纪美. 腐蚀总论——材料的腐蚀及其控制方法. 北京：化学工业出版社，1994.

[21] 温斯顿·里维 R. 尤利格腐蚀手册. 北京：化学工业出版社，2005.

[22] 查理斯·C·帕托（美）. 实用水技术. 北京：石油工业出版社，1992.

[23] Schmitt G，Hörstemeier M. Fundamental Aspects of CO_2 Metal Loss Corrosion，Part Ⅱ：Influence of different Parameters on the CO_2 Corrosion Mechanism" CORROSION，2006.

[24] Yang L. Techniques for corrosion monitoring. Woodhead publishing，2008：51-57.

[25] 刘刚，董绍华，付立武. Microcor 内腐蚀检测在陕京输气管道中的应用. 油气储运，2018，27（1）：41-43.

[26] ASTM G170：Guide for Evaluating and Qualifying Oilfield and Refinery Corrosion Inhibitors in the Laboratory.

[27] SY/T 5273—2014 油田采出水用缓蚀剂性能评价方法.

[28] Q/HS 2064—2011 海上油气田生产工艺系统内腐蚀控制与效果评价要求.

[29] 张天胜. 缓蚀剂. 北京：化学工业出版社，2002.

[30] Estavoyer M. Corrosion Problems at Lack Sour Gas Field. Corrosion/81，Houston Texas：NACE International，1981：905.

[31] Pailassx R，Dieumegarde M，Estavoyer M. Corrosion control in the gathering system at lacq sour gas ffield. Corrosion/81，Houston Texas：NACE International，1981：860.

［32］ Mark A，Edwards，Cramer B. Top of line corrosion-diagnosis，root cause analysis，and treatment. Corrosion/2000，Houston Texas：NACE International，2000：72.

［33］ Gunaltun Y M，Larrey D. Correlation of cases of top of line corrosion with calculated water condensation rates. Corrosion/2000，Houston Texas：NACE International，2000：71.

［34］ Olsen S，Dugstad A. Corrosion under dewing conditions. Ccorrosion/91，Houston Texas：NACE International，1991：472.

［35］ Vitse F，Nesic S，Gunaltun Y. Mechanistic model for the prediction of top-of-the line corrosion risk. Corrosion/2003，Houston Texas：NACE International，2003：3633.

［36］ Ho-Chung-Qui D F，Willamsom A I. Corrosion experiences and inhibition practices in wet sour gas gathering systems. Corrosion/87，Houston Texas：NACE International，1987：46.

［37］ Bich N N，Szklarz K E. Cross field corrosion experience. Corrosion/88，Houston Texas：NACE International，1988：196.

［38］ Vitse F，Alam K. Semi-empirical model for prediction of the top-of-the-line corrosion risk. Corrosion/2002，Houston Texas：NACE International，2002：2245.

［39］ 胡士信. 阴极保护工程手册. 北京：化学工业出版社，1999.

［40］ 贝克曼. 阴极保护手册——电化学保护的理论与实践. 原著第3版. 胡士信等译. 北京：化学工业出版社，2005.

［41］ 黄永昌. 电化学保护技术及其应用. 北京：高等教育出版社，1999.

［42］ DNV RP B101—2007 Corrosion protection of floating production and storage units.

［43］ DNV RP B401—2011 Cathodic protection design.

［44］ DNV RP F103 Cathodic protection of submarine pipelines by galvanic anodes.

［45］ ISO 12473—2006 General principles of cathodic protection in sea water.

［46］ ISO 15589-2—2004 Petroleum and natural gas industries-Cathodic protection of pipeline transportation systems-Part 2：Offshore pipelines.

［47］ NACE SP0176—2007 Corrosion control of submerged areas of permanently installed steel offshore structures associated with petroleum production.

［48］ BS EN 13173—2001 Cathodic protection for steel offshore floating structures.

［49］ GJB 156A—2008 港口设施牺牲阳极保护设计和安装.

［50］ GJB 157A—2008 水面舰船牺牲阳极保护设计和安装.

［51］ Q/HS 3009—2003 海上钢质平台阴极保护监测系统.

［52］ CB 3220—1984 船用恒电位仪技术条件.

［53］ GB/T 3108—1999 船体外加电流阴极保护系统.

［54］ GB/T 7388—1999 船用辅助阳极技术条件.

［55］ GB/T 7788—2007 船舶及海洋工程阳极屏通用技术条件.

［56］ GB/T7387—1999 船用参比电极技术条件.

［57］ 路民旭，赵新伟，罗金恒，等. 在役油气管道安全评估的实践与进展. 2002中国国际腐蚀控制大会论文集，中国工业防腐蚀技术协会，2002.

［58］ Mohitpour M. 管道完整性保障：实践途径. 路民旭等译. 北京：石油工业出版社，2014.